褚嘉祐　著

沿着达尔文环球考察的足迹旅行

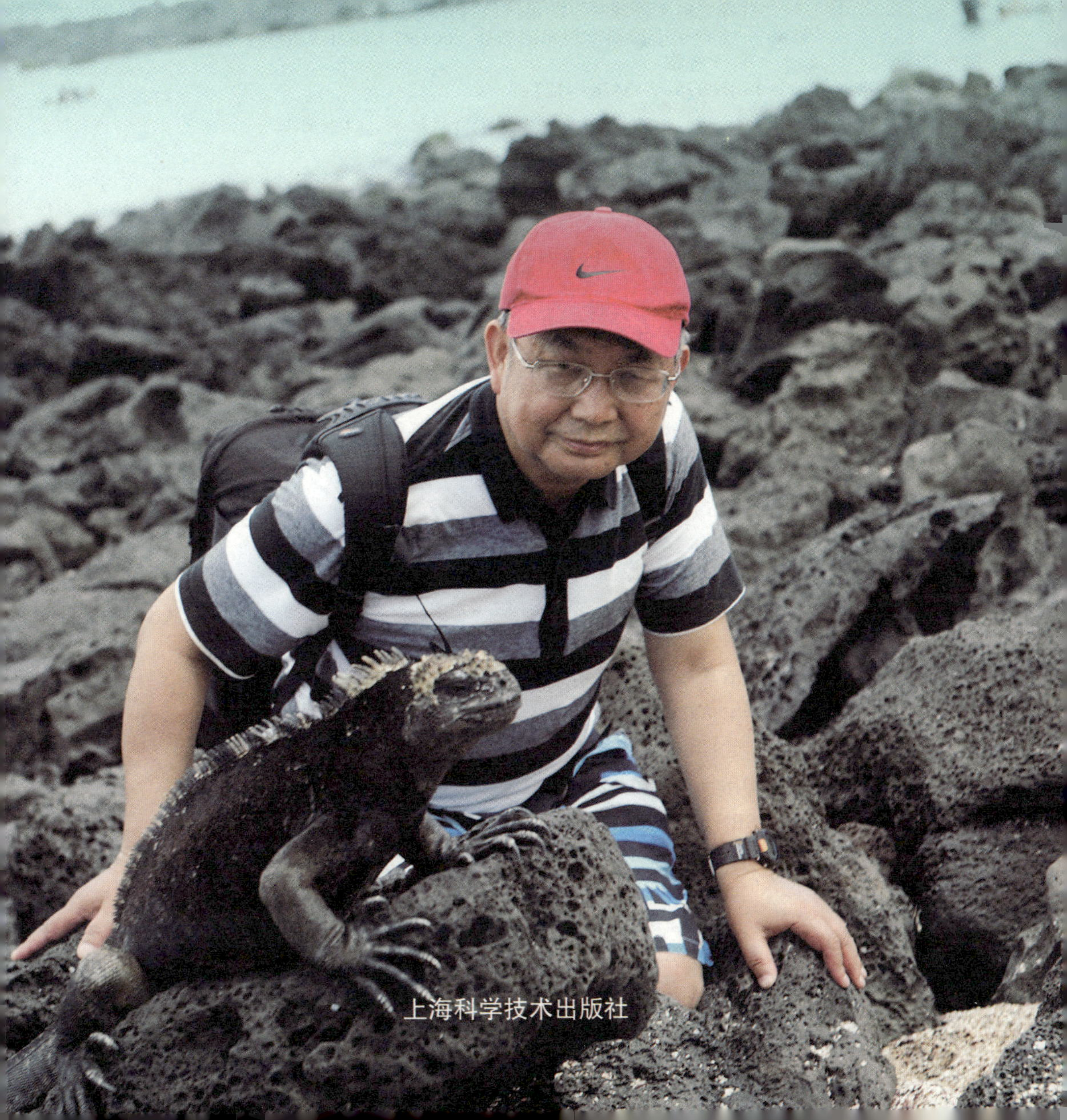

上海科学技术出版社

图书在版编目（CIP）数据

沿着达尔文环球考察的足迹旅行 / 褚嘉祐著．
—上海：上海科学技术出版社，2018.7（2021.9重印）
（科学之旅）
ISBN 978-7-5478-4127-3

Ⅰ.①沿…　Ⅱ.①褚…　Ⅲ.①自然科学—科学考察—普及读物　Ⅳ.①N8-49

中国版本图书馆 CIP 数据核字（2018）第 160025 号

本书出版受“上海科技专著出版资金”资助

责任编辑　季英明
装帧设计　戚永昌
电脑制作　吴　琴

沿着达尔文环球考察的足迹旅行

褚嘉祐　著

上海世纪出版（集团）有限公司
上　海　科　学　技　术　出　版　社　出版、发行
（上海钦州南路 71 号　邮政编码 200235　www.sstp.cn）
永清县晔盛亚胶印有限公司印刷
开本 700×1000　1/16　印张 10.5
字数：180 千字
2018 年 7 月第 1 版　2021 年 9 月第 3 次印刷
ISBN 978-7-5478-4127-3/K·29
定价：49.00 元

本书如有缺页、错装或坏损等严重质量问题，
请向承印厂联系调换

序一

英国杰出的生物学家达尔文是进化论的奠基人。达尔文曾经乘坐贝格尔号舰进行了历时 5 年的环球航行，对动植物和地质结构等进行了大量的采集和观察，归来后经潜心研究和总结，出版了《物种起源》，提出了生物进化论学说，摧毁了各种唯心的“神创论”以及“物种不变论”。达尔文学说对人类文明和发展做出了杰出的贡献。

本书作者是著名的遗传学家，难能可贵的是，他还是一名资深摄影人和具有很深造诣的人文学者。除学术著作外，作者也写了不少获奖的科普作品。出于对科学史和旅游的热爱，他有心设计了一条遵循达尔文贝格尔号环球航行足迹的旅行路线，并用很多年时间断断续续地完成了这一旅程。呈现在读者面前的是他精彩的旅行经历和围绕达尔文学说展开的思考。读者可以跟随作者的步伐，透过轻松的文字叙述和丰富多彩的照片，分享旅行的快乐，同时概略地了解达尔文学说的基本内容，特别是贝格尔号环球航行对达尔文学说形成的启示作用。

本书很好地兼顾了科普的通俗性和游记的趣味性，引人入胜。因此，我非常愿意向广大青少年和对自然科学感兴趣的读者推荐本书。

中国科学院院士

2018 年 3 月

序 二

2019 年是达尔文《物种起源》出版 160 周年。达尔文学说彻底改变了生物科学的面貌，被恩格斯誉为 19 世纪三个最伟大的科学成就之一。达尔文近五年的环球航行不仅充满魅力，而且对达尔文学说的形成起到了奠基性作用。本书作者出于对达尔文学说形成过程的浓厚兴趣，专门规划了一条追寻达尔文环球航行足迹的旅行路线，用近十年时间完成了这一旅行。旅程包括达尔文环球旅行的主要登陆地区：佛得角群岛、巴西、智利、麦哲伦海峡、巴塔哥尼亚高原、阿根廷、潘帕斯平原、火地岛、秘鲁、加拉帕戈斯群岛、塔希提岛、新西兰、澳大利亚、毛里求斯等。本书以作者引人入胜的旅行经历为经，以对这些地区相关考察与达尔文学说关系的讨论为纬，重点探讨达尔文环球航行对进化论形成的奠基性作用。

作为一名资深医学遗传学家，作者在人类遗传多样性及其与疾病基因的研究方面有重要建树。同时，他还是一位出色的科普作家，撰写的《沿着人类祖先迁徙的脚印旅行》作为上海科学技术出版社“科学之旅”系列作品，是一本很有特色的科普书，曾荣获 2014 年第三届“中国科普作家协会优秀科普作品奖”银奖，并入选 2015 年国家新闻出版广电总局（第十二届）向全国青少年推荐百种优秀图书。本书延续了作者的写作风格，辅以 100 多张他自己拍摄的珍贵照片，使读者在轻松阅读中领会达尔文学说的主要内容，同时，本书写作主题的严肃性也体现了作者的知识积淀和功力。

中国科学院院士 [signature]

2018 年 3 月

写在前面

没有一个研究生物学的学者能够绕开达尔文学说，对于遗传学家更是如此。在学习达尔文学说的过程中，他的环球航行对达尔文学说形成的奠基性作用吸引着所有人的兴趣，这段长达近五年的航行也充满魅力。出于对旅游的热爱，我有意识地设计了一条追寻达尔文航行足迹的旅行路线，并用近十年时间断断续续走完了这一旅程，涉足欧洲、非洲、美洲、大洋洲的许多国家。当然，今天已经不可能像在达尔文时代那样乘一条船去航行几年，现代化的交通工具可以让我们涉足达尔文环球航行的主要登陆地区，也可以在部分旅程中体会达尔文的航海历程。这本书保持了我写作旅行科普书的风格，即以我的旅行游记为经，以达尔文的科学考察内容及相关知识为纬。内容结构按达尔文五年航行途经的四大洲不同国家和地区来排列章节顺序，一个章节描述一个地方，介绍当地旅游点的背景知识，但更多是我的亲身经历。每章末以“旅途思考”的方式，紧扣主题，结合章节内容来介绍相关的达尔文科学考察内容和背景知识，以及相关思考。每篇“旅途思考”文章是独立的小知识，所有这些文章串联起来，就是完整的关于达尔文五年环球考察对建立达尔文学说重要作用的阐释，最后总结了现代科学对达尔文学说的认识。必须说明，这里对达尔文学说的介绍都是比较浅显的，重点是探索他近五年的环球航行对形成进化理论的奠基性作用。更专业的对达尔文及其进化论的研究，读者可以去阅读庚镇城、龙漫远等先生的专门著作；对达尔文生平感兴趣的读者，可以阅读涅克拉索夫的权威著作《达尔文传》。还有，如果能浏览一下达尔文的巨著《物种起源》的主要章节，你肯定会有更大的收获。

我还是一个旅行摄影者，书中 100 多张照片除特别注明的外，都是我自己的作品，希望它们能补充文字叙述的不足，呈现更多的旅行乐趣。

我人生的经历就是学习—环球旅行—再学习的过程，这就是我的自传。

——达尔文

作为博物学家，我曾随贝格尔号皇家军舰，做环游世界的探索之旅，此间，南美的生物地理分布以及那里的生物与古生物间地质关系的一些事实，深深地打动了我。这些事实似乎对物种起源的问题有所启迪；而这一问题，曾被我们最伟大的哲学家之一者称为“谜中之谜”。归来之后，我于 1837 年就意识到，耐心地搜集和思考各种可能与此相关的事实，也许有助于这一问题的解决。

——达尔文《物种起源》绪论

目录

1 伦敦：邱园里的达尔文手稿和植物标本、达尔文故居

1831 年 12 月 27 日，在英国的普利茅斯港，英国皇家海军贝格尔号军舰在菲兹·罗伊将军的指挥下，扬帆启航。此行的任务就是测量前往巴塔哥尼亚和火地岛的航路情况，完成秘鲁、智利和太平洋中若干群岛的测量任务，以及最后要展开的环绕地球各地的天文钟测量任务。在此之前，这艘配备了十门火炮的双桅横帆船已经执行过两次任务，可是最终都没能抵挡住凶猛的西南风。然后现在，我要在这艘船上经历一次地球航海旅程。

——达尔文《航海日记》

邱园里巨大的温室

邱园建园已经 250 多年

邱园里的博物馆

在英国旅行，参观博物馆是很重要的组成部分。在伦敦，除了著名的大英博物馆外，科学博物馆、自然历史博物馆、维多利亚和阿伯特博物馆都非常有特色。

在英国进行学术访问时，主人特地介绍了一个我们以前没去过的地方——Kew Gardens，中文常译为邱园，其正式名称为皇家植物园（Royal Botanic Gardens）。这座英国皇家园林是世界上最大的植物园，建园历史

超过 250 年。这里收集了约 5 万种植物，据说占地球已知植物种数的八分之一，也是唯一一处以植物园名义被认定的联合国世界文化遗产。

乘地铁可以到达位于泰晤士河边的皇家植物园。植物园规模庞大，公园内很多地方都是一望无际的草毯，有着良好的生态环境。因为太大，游客必须依靠园内的电动车游览。在精致的英式园林设计中，许多温室被用于专门培养植物，以度过伦敦的寒冬。植物园的一大特色是具有很多人造景观建筑，例如，比树还高的空中走廊，具园区风景特点的各种日式建筑，甚至还有女王行宫住所，彰显着它的皇家身份。

我们来植物园的一个重要目的是参观达尔文的手稿。在植物园的办公区内，收藏有大量达尔文收集的植物标本，那些干燥了的植株被硕大的标本册固定起来，旁边有达尔文的详细描述和工整的签名。1865 年至 1885 年的 20 年间，著名学者虎克（J.D.Hooker，1817—1911）担任邱园园长，在达尔文的建议下，他编辑了《邱园索引》（*Index Kewensis*）上下卷。现任植物园负责人为我们开放了包括达尔文手稿在内的珍贵展品，我们不是植物学家，对这些

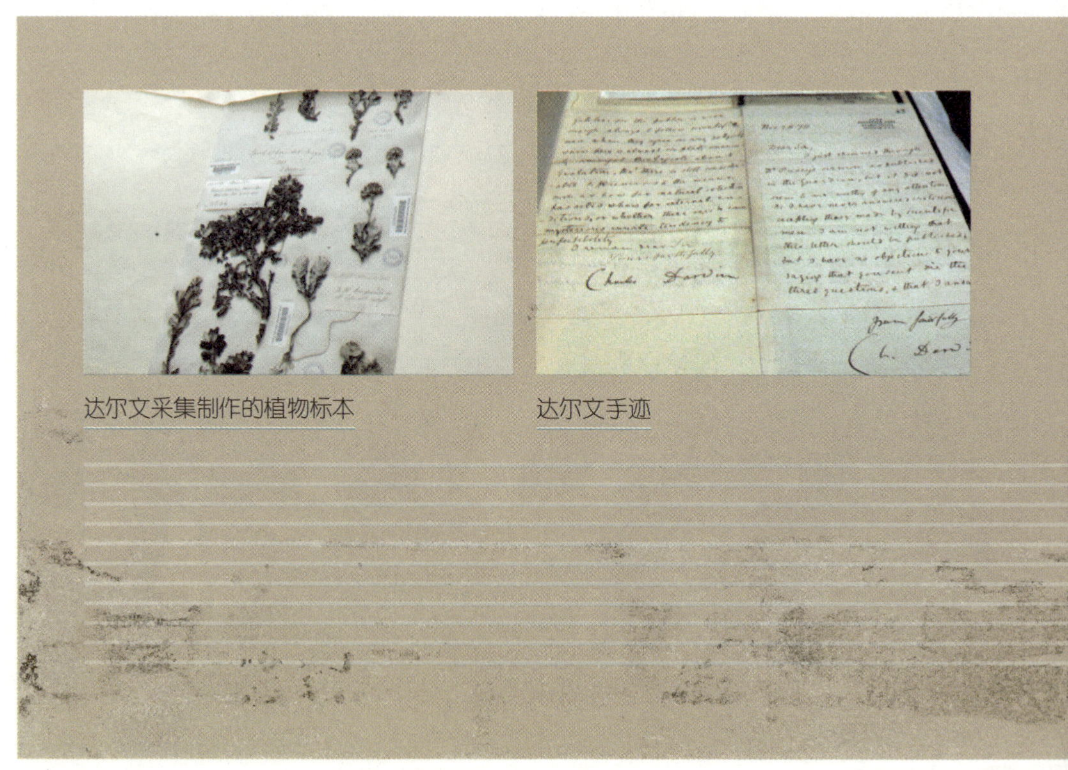

达尔文采集制作的植物标本

达尔文手迹

标本并不熟悉，但达尔文的严谨认真，给我们留下了深刻的印象，这就是科学家的素养。

达尔文故居在肯特郡唐恩村，距伦敦不过 30 多千米。这是一座白色石砌三层楼房，现在称为唐恩庄园。1842 年达尔文将它从一位农场主手中买下，他在这里生活了近 40 年，从 33 岁直到 1882 年 73 岁去世。达尔文 10 个孩子中的 7 个都在这里出生。现在故居室内的家具、书籍、研究工具和生活用具都是达尔文当年用过的原物。陈列室里陈列着花、鸟、鱼、虫、兽、树木的标本，其中许多是达尔文亲自采集的，包括少年时代的达尔文制作的甲壳虫标本。博物馆里展出了达尔文各种著作的最初版本、大量的手稿和书信，以及与达尔文有关的文献资料。还有介绍达尔文进化论的各种资料。

参观完达尔文故居，还可以在楼房后面宽阔的花园里散步，这个花园和树林、草地加起来共有 7.2 公顷。导游介绍，与主楼相连的厨房、工作间和会客室是达尔文买下旧宅后自己新修建的。达尔文在园中亲手种了一小片树林，还在那里喂养过牛羊等家畜。

达尔文故居

旅途思考：

达尔文的出生、青少年时代和贝格尔号启航

达尔文的全名是查尔斯·罗伯特·达尔文（Charles Robert Darwin，1809—1882）。1809年2月12日，达尔文出生于英格兰的施鲁斯伯里（Shrewsbury），他母亲是英国陶瓷制造业的著名巨商乔希亚·韦奇伍德之女，在达尔文8岁时去世。达尔文兄弟姐妹六人，二男四女，达尔文排行老五，所以他在幼年得到了三位姐姐的照顾。

达尔文的祖父和父亲都是有名的医生，父亲希望他继承祖业学医，所以达尔文16岁从施鲁斯伯里私立中学毕业后，便被父亲送到爱丁堡大学学医，之前他的哥哥已在爱丁堡大学学医一年。

达尔文从小就对大自然充满兴趣，阅读了许多生物和地质方面的书籍，完全无意学医。在爱丁堡大学就学期间，他的专业课程学得十分糟糕，他经常到野外采集动植物标本，并保持着对自然历史的浓厚兴趣。达尔文在爱丁堡的学医过程持续了两年，父亲认为他“游手好闲”“不务正业”，十分生气。

看到让达尔文继承祖业已经不可能了，父亲与达尔文谈话，问他愿意不愿意成为一名牧师，达尔文考虑后答应了。这样，1828年父亲送他到剑桥大学改学神学。看到达尔文进入剑桥大学，似乎觉得当时进剑桥大学也不太难。但1831年，达尔文在剑桥大学毕业的400名学生中，成绩名列第十，说明他还是天生学霸级的人物。

但达尔文父亲不知道的是，自然科学才是达尔文感兴趣的。达尔文在剑桥大学学习期间经常逃课，只不过随着年龄增长不愿被父亲责备，他采用考试前临时抱佛脚的方式通过了必修课，仍然把浓厚的兴趣放在自然科学上。在剑桥大学期间，达尔文经常和堂兄福克斯一起收集昆虫标本，福克斯介绍他结识了一位年轻的教授——博物学家汉斯罗（J.S. Henslow，1796—1861）。汉斯罗当时年仅32岁，但学识渊博，精通植物学、昆虫学、地质学、矿物学和化学等多种学科。而且汉斯罗谦和善良，不慕虚荣，乐于与人探讨问题。汉斯罗成为对达尔文影响很大的人。在汉斯罗的影响下，达尔文开始学习地质学，汉斯罗还推荐达尔文跟从著名地质学家塞奇威克（A. Sedgwick，1785—1873）到北威尔士考察和采集岩石标本，这使达尔文熟悉了地质学的基本研究方法。

达尔文在剑桥大学期间读了很多书，其中一本是美国天文学家赫瑟尔（Sir J. Herschel，1792—1871）所著的《自然哲学的初步研究》，它使达尔文得到自

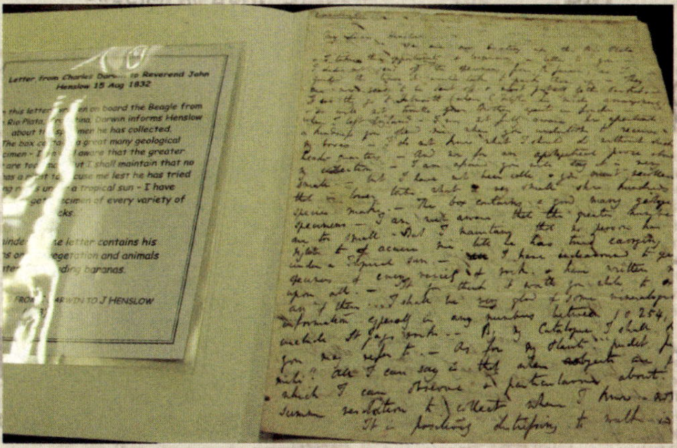

达尔文致汉斯罗的信

然科学研究的基本训练。而对达尔文影响最大的是德国博物学家洪堡（A.von Humboldt，1769—1859）的《南美旅行记》。书里所描述的加那利群岛的自然风光和对动植物的描写特别令达尔文向往。晚年达尔文坦承，没有洪堡的影响，自己不会踏上“贝格尔”号的环球之旅，也不会想到写《物种起源》。

1831 年 8 月，剑桥的天文学教授皮克（G. Pick）写信给汉斯罗，信中说“为了测量火地岛的南岸，菲茨·罗伊（R. Fitz Roy，1805—1865）舰长要去做一次旅行，返航时还会经过南海中的许多岛屿和印度群岛。用于旅行的这艘军舰很适于进行科学研究工作。因此在这次航行中，我们决定提供一个难得的机会给一个博物学家。”皮克请汉斯罗推荐合适的人，并说“我相信你推荐的人是不会令我们失望的”。

汉斯罗立刻想到了达尔文。但必须中断学业去航行 5 年，而且还要自己承担包括装备在内的所有费用。对此，达尔文的父亲坚决反对。幸亏达尔文的舅舅出面斡旋，达尔文才获得这次难得的机会。

这艘贝格尔号虽说是一艘小军舰，实际上是一艘木制帆船。船长 27.5 米，宽约 7.5 米，排水量 235 吨，有 2 根桅杆，配备有 10 门大炮、22 台经纬仪。年轻的舰长菲茨·罗伊才 26 岁，但已在 1826—1830 年乘坐贝格尔号完成了对火地岛沿岸的勘察工作。船上有 60 多人，除了舰长和他的助手斯托克斯，还有 2 名尉官、1 名医生、10 名军官和 42 名水兵，以及绘图员埃尔德和 8 名见习水手。舰上还有 3 名火地岛人，他们是上次航海时菲茨·罗伊带回英国的，这次准备送他们返回故乡。

贝格尔号的启航是真正意义上的一波三折。1831 年 12 月 10 日，贝格尔号启航驶出普利茅斯港，但启航后不久，傍晚时分海面突然刮起了大风暴，贝格尔号被迫于次日早晨返回港口。12 月 21 日，贝格尔号第二次出海，经过德霍克岛时军舰触礁，在岛上停留半小时后驶入公海，第二天，贝格尔号又返航回到普利茅斯港。直到 12 月 27 日，贝格尔号才第三次起锚出海。这一次，阳光灿烂，波澜不惊，达尔文的环球航行终于开始了。

贝格尔号

2 佛得角：达尔文环球航行的第一站

1832 年 1 月 6 日我们到达特内里菲岛。可是当地的政府担心我们会给他们带来传染病，阻止我们上岸。十天后，我们停在了普拉亚港口，这里是佛得角群岛的主岛圣地亚哥岛的主港。

——达尔文《航海日记》

达尔文搭乘贝格尔号航行的第一站是佛得角。

“佛得角群岛”英文是 Cape Verde，原来汉译为“维德角群岛”，后改译成“佛得角”，从名称上看是不是有点海上仙山的感觉？佛得角群岛地处非洲外海，由两大群岛——向风群岛和背风群岛组成，共有 10 个主要岛屿。位于北方的向风群岛包括圣安唐岛、圣维森特岛、圣卢西亚岛、圣尼古拉岛、萨尔岛、博阿维斯塔岛共 6 个岛，其中圣卢西亚岛是无人居住的岛屿自然保护区。位于南方的背风群岛包括布拉瓦岛、福古岛、圣地亚哥岛、马尤岛共 4 个岛。此外，还有很多小的离岛。佛得角共和国的首都普拉亚位于圣地亚哥岛上。

这个大西洋上的小岛国人口现在约 54 万，要不是追寻达尔文的足迹，我恐怕也不会来到这里。这时我才知道，佛得角群岛东距非洲大陆最西点塞内加尔 500 多千米，海岸线长达 912.5 千米，是扼欧洲与南美洲、南非之间的交通要冲，是来往船只的重要途经点。

我们从塞内加尔首都达喀尔转机，飞到普拉亚。佛得角与中国时差 9 小时，我们于当地时间中午一点多到达普拉亚，机场离城市市区很近。当地地陪直接送我们到一座山上，那里风景很好。

没想到在如此偏僻的小地方还有一处世界文化遗产——大里贝拉（Cidade Velha），它是历史形成的特殊世界文化遗产。1462 年，葡萄牙航海家安东尼奥 · 诺利（Antonio da Noli）“发现了”圣地亚哥岛，把这里命名为大里贝拉，意思是大河，从而使这里成为葡萄牙殖民地。在黑奴买卖的鼎盛时期，这里是葡萄牙帝国的贸易重镇。

世界文化遗产就在海边，这里有华丽石柱的广场，海岸边排列着很多黑奴买卖鼎盛时期的大炮，一座圣菲利普堡垒，还有一个带有浓厚葡萄牙建筑风格的圣佛朗西斯科修道院。

然后，我们驱车前往高原地区参观游览主要的名胜古迹。参观了具有殖民时期建筑风格的古老房屋、司法监狱、圣母大教堂、市政厅、文化剧场和集市。我们到达普拉亚市中心时正是周六，人们非常悠闲，老人在下棋，孩子在玩游戏，夕阳如金，街心花园非常静谧，看得出佛得角是个休闲的地方。佛得

角 1976 年 4 月 25 日与中国建交，要知道当时中国正处于“文化大革命”末期。街上有中国人开的小超市，主人是来佛得角没几年的中国年轻人。老乡见老乡，握手诉艰难。

我们住宿的酒店设施很好，有游泳池，适合休闲，还有黑人歌手在演唱。

第二天，我们沿着中间坡度很高的公路上山，然后从东北沿海公路直接回酒店。

游览第一站是参观以传统手工艺品著称的圣多明戈斯，然后乘车至海拔

具有地方风格的教堂

佛得角的集市

佛得角的孩子

关押奴隶的监狱遗址

400 米的塔拉法尔 · 圣乔治山（São Jorge dos Órgãos）步行到国家植物园，观赏该群岛的特有物种。从这里可以看到圣地亚哥岛的最高点——海拔 1394 米的丰 · 安东尼亚山峰（Pico de Antónia）。接着驱车来到圣地亚哥的第二大城市埃索摩达（Assomada）（旧称圣卡塔琳娜，Santa Catarina）。我们参观了塔班卡博物馆和一个只在星期三和星期六才有的街道市场。葡萄牙人于 1934—1974 年间在岛上设立的司法监狱至今保存完好，有一个源自奴隶后代的社会团体至今仍保持隔离，居住在一个单独的村庄里。

下山后，我们来到一个名为塔瑞法（Tarrafal）的小村庄，在那里稍作停留，领略棕榈树海滩风光。午餐后沿海岸线返回普拉亚。

我们知道，达尔文乘坐贝格尔号来到达佛得角的年代还是奴隶制盛行的时代。

佛得角确实是一个休闲旅游的绝佳景点，海滩很美，其中有白沙滩，沙

保留原始面貌的海滩

洁白、细腻，有许多孩子在海滩上运动嬉戏。东岸则是由火山岩形成的黑海滩，白浪拍着尖锐的海角，远景非常壮观。

如果你仅仅把佛得角混同于一般的旅游海岛，那你就错了。在世界航海史上，佛得角曾经赫赫有名，因为它曾是两个海上霸主的地域分界标志。15世纪开始的地理大发现或者称为大航海时代，最先崛起的国家是葡萄牙和西班牙。这一以获取巨大国家利益而进行海外扩张为目的的大规模航海探险活动，从开始就面临着激烈的竞争。为避免纷争，1493年5月4日，作为基督教世界代言人的罗马教皇通过训谕，把地球当作一个苹果分成两半，分界线定在距佛得角群岛100里处，西边所有未发现的疆土都归西班牙所有，东边的则归葡萄牙。

我来佛得角，是因为它是达尔文环球航海旅行的第一站，而且是他收获极大的第一站。

年代久远的要塞

1832 年 1 月，达尔文乘坐的贝格尔号军舰抵达佛得角。但达尔文登陆佛得角其实完全是意外。

前面提到贝格尔号的启航很不顺利。直到 1831 年 12 月 27 日上午 11 点，贝格尔号第三次出发才算正式启航。

按原来的航行计划，贝格尔号第一站登陆点是西班牙加纳利群岛特纳里夫的圣克鲁斯镇。这里不仅是通向欧、非和美洲的海上交通枢纽，也是著名的旅游点。海拔 3 718 米的泰德山是西班牙最高的山峰，冬季山上积雪，形成全岛最独特的自然景观。达尔文从洪堡的著作中读到这里后非常神往。贝格尔经过几周的航行接近特纳里夫时，达尔文在日记中写道："天空被从加纳利群岛蜿蜒起伏的山峰下升起的太阳照亮的时候，映入眼帘的是被天空中一朵朵白云半遮半掩下的特纳里夫岛的山腰和它的峰顶，那天是我在本次航行中第一个永生难忘的愉快时光。"

1 月 6 日，贝格尔号到达特纳里夫岛，但不等贝格尔号停靠，从圣克鲁斯岛来的执政官宣布：由于欧洲正在流行霍乱，贝格尔号必须在停靠码头前就地隔离 12 天，隔离期间任何人不得上岸。

这一命令显然使远航的船员十分沮丧。经过思考，船长菲茨 · 罗伊决定掉转船头向佛得角群岛驶去。十天后，贝格尔号停在普拉亚港口，这里是佛得角群岛主岛圣地亚哥岛的首府。

不管怎样说，经历了漫长的海上行程，正如达尔文自己说的："雾蒙蒙的空气中一眼望去，景色迷人。当一个陌生的人突然由海上来到这里，一生中第一次漫步椰林时，他一定心旷而神怡。"

达尔文很高兴地投入他的第一个生物考察基地，这是这个年轻博物学家的牛刀初试。

达尔文写道："在圣地亚哥岛停泊的这段时间里，我研究了几种海洋生物的习性。一种巨大的海参是这里最常见最普通的生物。"达尔文对章鱼十分有兴趣，他非常仔细地观察章鱼，注意到章鱼也和变色龙一样，会根据周围环境改变自身的颜色。

旅途思考：

达尔文学说发表前人们对生物的认识

从古代一直到中世纪，西方均以基督教《圣经》解释世界的诞生和万物的起源，把世界万物描写成是上帝的特殊创造物，就是所谓的"特创论"。与"特

创论”相伴随的还有“目的论”，认为自然界的安排是有目的性的。最著名的描述是“上帝创造了一只猫，再创造了一只老鼠给猫吃”，而整个自然界创造出来是为了证明造物主的智慧。

从 15 世纪后半叶的“文艺复兴”到 18 世纪，是近代自然科学形成和发展时期，期间涌现了大批思想活跃的科学家。康德的《自然通史和天体论》首先在“机械不变论”上打开了第一个缺口，他在科学上吸收了牛顿力学的成果，首次提出太阳系起源的星云假说，在天文学发展史上产生了重大影响；在哲学上，星云假说宣告了地球和整个太阳系都是在时间进程中形成的，打开了当时占统治地位的机械唯物主义自然观的第一个缺口。之后，宇宙万物都服从于发生、发展和灭亡的普遍规律逐渐被生物学界所接受，成为主流观点。达尔文在《物种起源》第三版增加的一篇“本书第一版问世前，人们对物种起源认识过程的简史”综述里，概括了该时期科学界一些学者的见解。包括拉马克的物种渐变理论和器官的“用与不用”效果；威尔士（W. Wells）、马休（P. Matthew）关于自然选择的认识；葛兰特（J. Grant）、冯巴哈（Von Buch）关于物种演变和变种的观点；关于“动物界的持续生存类型”论点；虎克的物种传衍与变异的观点等等。达尔文特别阐明，自然选择的重要理论是他和华莱士在 1858 年 7 月 1 日林奈学会上共同宣读的。

我们应当认识到，达尔文的《物种起源》著作和达尔文学说正是在贝格尔号环球航行中观察、采集和研究标本的基础上，经过反复思索，比较不同学者的理论，博采众长后形成的系统理论。那种认为达尔文学说仅仅靠旅行顿悟和独立冲破“特创论”的看法都是不恰当的。

佛得角的女孩

3 巴西：从里约到亚马孙森林

1832 年 2 月 29 日，军舰成功抵达巴西海岸。一直以博物学者自居的我，第一次走在巴西的森林里。

在 1832 年 4 月 4 日和 7 月 5 日之间，我们到达里约热内卢。这里所有的蝴蝶中，我最惊奇的是杉凤蝶的习性。

——达尔文《航海日记》

巴西无疑是最富有魅力的旅游目的地之一。这真是一个多姿多彩的国家，巴西有热情奔放使人沸腾的桑巴舞、令人崇拜的足球、与阿根廷和巴拉圭交界的世界著名的伊瓜苏瀑布，你也可游览巴西的三大名城——标志性城市里约热内卢、国际性都市圣保罗和完全创新设计的首都巴西利亚。但是，巴西也是迄今为止中国人最难获得签证的南美国家之一。所以，去一趟最好设计 10~12 天的行程，这样可以覆盖主要景点。

巴西人常说，上帝用六天创造了世界，用第七天创造了里约热内卢。值得那么骄傲吗？

里约热内卢，常被简称为里约，葡萄牙语是 Rio de Janeiro，原意“一月

海滩是巴西人的最爱

之河”。据说 1502 年 1 月 1 日葡萄牙探险家卡布拉尔（Pedro Álvares Cabral）率领船队驶入里约时发现这里港口狭窄，港又很深，以为是一条大河的出口，就根据日期把它称作“一月之河”。

里约有山、有海滨、有湖，景色很不错，很多年一直是巴西的首都，直到 1960 年新首都巴西利亚诞生。里约东南面是大西洋，海岸线长达 636 千米。里约马拉卡纳足球场是一座著名的建筑，2014 年 7 月 14 日，巴西世界杯足球赛决赛就是在这里举行的，可惜这届球赛最后是德国队击败阿根廷队夺得冠军，巴西队未能折桂。

巴西的海滩很有魅力，里约的科帕卡巴纳（Copacabana）海滩非常美丽，但安全性很差。里约的另一个著名海滩因一首歌曲而闻名遐迩——依帕内玛（Ipanema）海滩。1962 年的夏天，音乐人汤姆 · 若宾（Tom Jobim）和德莫拉伊斯（V. de Moraes）两人在里约依帕内玛海滩的一个酒吧里喝酒。一位 17 岁的少女穿着比基尼从窗外经过，女孩轻盈秀丽的身影激发了两人的创作灵感，从而诞生了这首《依帕内玛女孩》（Garota de Ipanema）经典名曲。这首歌后来荣获了格莱美音乐大奖，在全世界被广泛传唱。2016 年 8 月 6 日巴西奥运会开幕式上，当汤姆 · 若宾的孙子丹尼尔 · 若宾在高高的舞台上用钢琴倾情弹奏这首名曲，巴西名模吉塞尔 · 邦辰（Gisele Bündchen）惊艳亮相演绎依帕内玛女孩时，全世界都记住了这个海滩。

《依帕内玛女孩》的歌词大意是：

苗条的身段晒黑的肌肤，
年轻又漂亮的依帕内玛姑娘，
向前走着，
踏着桑巴的舞步，
冷冷地摇着，
柔柔地摆着，
我想说我喜欢她，
想献上我的心，
她却没注意我，
只顾望着那大海出神……

里约热内卢狂欢节是世界上最著名、最令人神往的盛会，时间在每年二月的中旬或下旬，连续举行三天，被称为“地球上最伟大的表演”。热辣的桑巴舞小姐簇拥在彩车前后，一边与歌手们一同歌唱，一边随着欢快的节奏跳着桑巴舞行进。狂欢节期间，处处是浪漫和激情。每年的狂欢节后，都会产生许多非法出生的孩子，沦落成孤儿，流落到社会。在里约的一些主要地区，均可看到大片贫民窟，据说里约的 600 万人中，有 100 万人生活在贫民窟中。

我到巴西没赶上狂欢节，巴西朋友说，没关系，他们带我到一个大型演出剧场，有上百人演出大型的桑巴舞，服装绚丽，演员激情四射，朋友说这可称是狂欢节的缩影。桑巴小姐会邀请客人合影制成瓷盘，不贵，仅 5 美元。只是看你自己是否好意思将一个印着两位动作大胆的桑巴女郎拥着你的瓷盘放在家里。

里约最值得去的地方是耶稣山，又称科科瓦多山（Corcovado）。游客可乘汽车或坐火车上山游览，到达终点后再乘坐全景升降机或电扶梯登顶。但许多年轻人更愿意爬 222 级台阶到达耶稣雕像，沿途可以观赏里约的美景、美丽的蓝色海湾和秀丽的面包山。

1922 年是巴西建国 100 周年，举国民众决定建造一件伟大的永久性建筑来纪念这个日子。在众多备选方案中，耶稣雕像众望所归，雕像于 1931 年 10 月 12 日建成。

耶稣雕像身着长袍，双臂平举，深情地俯瞰着山下里约热内卢市的美丽

狂欢节巡游

全景和全体民众，寓意耶稣基督的博爱精神和对巴西人民独立精神的赞许。晴天，大西洋海水湛蓝，耶稣的巨大身躯包括张开的双臂从远处望去，就像一个巨大的十字架，显得庄重、肃穆、威严、包容。有雨雾的日子，耶稣的身影与群山融为一体，白云飘浮在山峰之间，耶稣像若隐若现，使他显得更加神秘圣洁。巨大的耶稣塑像已成为巴西名城里约热内卢最著名的标志。2007 年在瑞士一家网站发起的全球评选世界新七大奇迹的活动中，巴西里约的耶稣基督像入选世界新七大奇迹之一。

从里约到亚马孙，必须先乘飞机到马瑙斯。临近亚马孙前从飞机上往下俯瞰，一望无际的绿色丛中，一条犹如滚动着的黄色巨蟒蜿蜒曲折，绵延百里，这就是亚马孙河。

亚马孙河发源于秘鲁，上半段称为所罗门河。另一条与亚马孙河交汇的是发源于哥伦比亚的内格罗河。

我来到亚马孙州的州府马瑙斯，这是一个不大，但十分有名的城市。离马瑙斯不远就是内格罗河港口。乘轮船沿内格罗河前行，开始水是清澈的暗黑色，约一个小时后，到达内格罗河与亚马孙河的交汇处。亚马孙河浑浊汹

伊瓜苏瀑布

基督雕像

涌，就如一条黄色的巨蟒，而内格罗河如同一条苗条文静的青蛇。大蟒想用巨大的身躯覆盖青蛇，而青蛇不情愿地若即若离，这种相随竟然持续十多千米、泾渭分明，形成一大奇观。直到 17 千米后，青蛇终于精疲力竭，身心弥散，委身于大蟒，亚马孙河于是变得更为粗壮蛮横。

我乘轮船到达亚马孙流域，再换乘有马达的木船穿行于河道中，专业导游带我先进入沼泽和森林。我看到了类似云南热带雨林的大板根树、藤树相缠，但都浸在水中。导游介绍，森林中的桃花心木、亚马孙雪松、黄檀木、巴西果和橡胶树都是这里的国宝。据说 19 世纪后半叶，亚马孙出产的巴西橡胶都是通过马瑙斯出口，马瑙斯曾是世界橡胶业的主要基地，后来一名商人买通海关，将一千株橡胶苗偷偷运出并在马来西亚种植成功，巴西橡胶连同马瑙斯从此地位一落千丈。因此，现在亚马孙流域的任何动植物均不允许带出。20 世纪 60 年代，巴西曾将马瑙斯作为唯一的自由贸易区，使其发展，但 90 年代初新总统又宣布全国均同等开放，使马瑙斯再次失去优势。

亚马孙河是世界上流量最大、流域面积最广的河。亚马孙河口平均流量为 22 万立方米每秒，据估计，亚马孙河水量占地球表面流动水的五分之一。亚马孙河流域有世界最大的热带雨林，面积达 600 万平方千米，占巴西总面积的 40%，占全球雨林面积的一半，被称为“地球之肺”。20 世纪以来，迅速增长的人口和外来投资者导致不加控制地大量砍伐森林，致使亚马孙热带雨林急剧减少，甚至影响到了全球生态。直到 20 世纪 90 年代，联合国及相关组织才争取到国际资金援助，建立亚马孙热带雨林保护区，并制止人们对它的侵占、开辟和毁坏。

亚马孙雨林是世界生物多样性的宝库。这里聚集了 250 万种昆虫，十几万种植物和约 2 000 种鸟和哺乳动物，鸟类种数占全世界鸟类总数的五分之一。有专家估计这片范围内单单无脊椎动物就超过数万种。还有许多是亚马孙特有的灵长类、啮齿动物、爬行动物。

我们乘小木船在亚马孙沼泽中穿行，树木高耸，林荫蔽日，不时惊起几只水鸟，湖中漂浮的树桩突然移动起来，原来下面有一条鳄鱼。导游警告别把手伸入水中，说水里有食人鱼，有人垂钓上来食人鱼，破除了我以为食人鱼如大白鲨的想象。其实食人鱼小如鲫鱼，样子可爱，不过牙齿极为锋利，所以当成千上万条食人鱼群起攻击落水的人或动物时，确实可以瞬间使猎物变成白骨。坐在船上的我倒不怕食人鱼，但我怕无处不在的种种飞虫的叮咬，稍不留神就遍体鳞伤了。

我在亚马孙流域几次登陆，抱有两个愿望，一是访问当地的土著居民，

亚马孙丛林

二是看看亚马孙的动物。

在马瑙斯餐馆吃饭，吃的全是鱼餐，包括三道鱼菜，均为亚马孙河出产的鱼，据说亚马孙河有近 2 000 种鱼。第一道是鱼汤，用很大的鱼（大约 1 米长）横断切成鱼块，汤烧得很可口，鱼很嫩，里面还有半个土豆，一个鸡蛋；第二道是红烧鱼，类似中国的烧法，同行的中国女导游说是她教会餐馆做的；第三道是炸鱼加上米饭，白米饭是用巴西特有的说不出名字的米炒的饭。还有一些生吃的蔬菜。

导游问我要不要尝尝食人鱼，我想想算了，还是它不吃我我也不吃它吧。

土著居民就是印第安人，外貌酷似亚洲人甚至云南的一些少数民族，皮肤褐色，黑发，黑眼睛，身材不高，略显粗壮。很多人只是在腰间有布遮住，上身赤裸，小孩则完全赤裸。房屋是很简单的木架草房。这些当地人除了有些女子略带羞怯外，对我们很友好。在导游的帮助下，我和一位老者做了交谈，印象最深的是他说的话，大意是：我们生活在森林里，所有树木、花草、动物都是有灵的，我们听得见他们在讲话。

导游说这些是已经和外界有过很多接触的土著人，在丛林深处，还有一些基本与世隔绝的土著人，很难接近他们。以前发生过自行进入者被他们用

手臂上可爱的亚马孙微型小猴

当地土著人捕到的蟒蛇

弓箭驱赶的事。

亚马孙流域开辟了一些主要的旅游线路，在这些地方有木栈道供游人步行穿过沼泽。当地土著人希望你能购买一些他们做的粗糙的原生态工艺品作为回报。我也购买了一个鬼脸面具，是用金龙鱼鳞、食人鱼牙、刺猬毛等制成的。

土著居民饲养一些野生动物供游人照相以获得小费。我在当地人的半强迫劝导下与一条围在我脖子上的大蟒蛇合影。又与不同的懒猴合影，这些猴子不同于中国的懒猴，动作极迟缓笨拙，据说是吃了一种毒品树叶所致。我还与彩色金刚鹦鹉等合影。最可爱的是只有巴掌大小的蜂猴，当地人说，它们不会长大。

亚马孙河受季节性降雨的影响极大，雨季河道平均深达 40 米，丰水时，中游马瑙斯附近河宽 5 千米，下游宽 20 千米，河口段宽 80 千米，从每年 11 月份开始涨水，直到第二年 6 月份开始回落，直到 10 月份，周而复始。

我到亚马孙流域旅行是在旱季。乘船在亚马孙河中行进时，可从大树上的水印渍看出亚马孙河水上涨和跌落时的落差在 8~10 米。导游说，洪水深度在有些地方比旱季水位最低时会高出 12~15 米。在雨季，亚马孙河会淹没几

巴西国蝶——春神

十万平方千米，这就是亚马孙流域虽土地肥沃但不能种庄稼的原因。

巴西的蝴蝶值得特别记载。蝴蝶几乎无处不在，且带有热带地区特有的绚丽色彩，尤其是巴西的国蝶——大蓝闪蝶（*Morpho rhetenor*），有“春神”的美名，体长10~20厘米，整个翅面呈现耀眼的金属蓝色，翅缘由内至外，呈现紫蓝色向亮蓝色过渡，在不同角度和光线下，其颜色会梦幻般变化不定，非常美丽。巴西朋友送我的凤蝶标本已成为我珍贵的收藏。

旅途思考：

达尔文旅行初衷的改变

达尔文的初衷是研究地质学、无脊椎动物学和为其国内的生物学专家采集标本，但以地质学为重。

从博物学角度讲，达尔文在登上贝格尔号时只能算是一个博物学初学者。达尔文在很长一段时期内在为他所采到的标本能否满足国内专家的需要和获得肯定而不安。达尔文采集的标本是在不同地方靠岸时分批寄给好友汉斯罗的。但汉斯罗的回信往往只是说收到标本，缺乏对标本是否受到专家肯定的回馈信息。为此，达尔文对汉斯罗提出抱怨。

这一状况延续到1834年3月，即贝格尔号出发一年零三个月后，到达马尔维纳斯群岛，达尔文接到汉斯罗回信，汉斯罗在信中高度赞扬了达尔文的采集工作，告诉他大懒兽的化石受到许多学者的关注。这使达尔文大受鼓舞，也对自己的采集工作充满了信心。

我们今天在伦敦邱园能看到保存完好的汉斯罗和达尔文之间的通信。我们有理由相信，汉斯罗的信不仅使年轻的达尔文对标本采集工作松了一口气，并且在贝格尔号上浮想联翩，立下了自己要在博物学领域里大显身手的雄心壮志。

4 潘帕斯草原、阿根廷和布宜诺斯艾利斯

8 月 24 日那天，我们终于航行到布兰卡港，7 天后又驶向普拉塔河。在征得舰长菲茨 · 罗伊的同意后，我继续待在这里，准备从陆地赶往布宜诺斯艾利斯。

我在 9 月 8 日那天雇用了一个当地的高乔人，主要是让他跟我一起骑马去布宜诺斯艾利斯。从我现在待的布兰卡港到布宜诺斯艾利斯大约还有 400 英里的距离，一路荒无人烟。

我们从 9 月 20 日开始，对布宜诺斯艾利斯进行游历和探索。我觉得，世界上最完善的根据规划建造起来的城市当中，布宜诺斯艾利斯算得上其中一个。

9 月 28 日和 29 日这两天，我们仍旧骑行。到了尼古拉斯一带，终于看到了著名的巴拉那河。这可是我平生第一次看见它。紧接着，我们又到了提尔西罗河。为了寻找古动物的化石，我在这里停留了半天的时间。最终，我找到两个巨大的骨骼，一颗完好无缺的箭齿兽的牙齿，还有很多分散的骨块，它们彼此相互靠近。在河岸边直立的峭壁表面上，这些骨块很明显地突出来，不过大部分都已经腐碎了，能带走的也只不过是一颗大臼齿的几个小碎片而已。但是这些发现充分说明了，这是属于乳齿象的遗骨，并且这些乳齿象的种类应该和那些大量在安第斯山脉地区居住的乳齿象是一样的。

——达尔文《航海日记》

晨雾中的布宜诺斯艾利斯

阿根廷的首都布宜诺斯艾利斯，其名字的意思是“好空气”，它的确是个美丽清新的城市，对达尔文的赞誉“世界上最完善的根据规划建造起来的城市”也当之无愧。为纪念在1810年阿根廷五月革命中献身的爱国志士而建的五月广场，是世界上最美丽的广场之一，1810年5月25日阿根廷宣布脱离西班牙统治，从此步入建设独立国家的进程。

因外观为粉红色而得名“玫瑰宫”的总统府就坐落在广场上，其前面是一座高高的白色五月之塔，塔顶是一尊自由女神雕像，一张照片可以将这些景点错落有序地纳在一起。大主教大教堂也坐落在五月广场上，12根代表十二门徒的石柱和彩色玻璃窗都值得欣赏。教堂最重要之处是安放着南美解放之父圣马丁的灵柩，并有阿根廷、智利、秘鲁的圣女雕像守护者。

附近的景点还有玫瑰园、贵族住宅区，贵族公墓、贝隆夫人墓、国会广场、贝隆夫人纪念碑和世界三大剧院之一的科隆剧院等。导游告诉我，阿根廷人

阿根廷人最崇拜的三个人是贝隆总统、贝隆夫人、球星马拉多纳

博卡区是阿根廷探戈的发源地

最崇拜三个人是贝隆总统、贝隆夫人和球星马拉多纳。

位于布宜诺斯艾利斯港口地区的博卡区是阿根廷探戈的发源地。这里有一条名叫卡米尼托（Caminito）的小路，就是探戈街，紧靠马德罗港口。这

博卡区以色彩斑斓为特点

条小路有两个特点：一是外墙多是色彩斑斓、互不一致的铁皮墙，看似杂乱，却另成一格。据说这与当时博卡区形成中，居住在此的风尘女郎靠向海员索要船上的剩余油漆搭建住房有关，所以颜色总是零星拼凑。另一个特点是小道没有前门，出入都走后门。

现在的博卡区是街头艺术家的聚居地，很多艺术家在此出售自己创作的绘画作品和工艺品。阿根廷是探戈之都，除了在豪华剧场看专场表演外，在博卡区也可看到探戈表演。与我们平时看到的国标表演迥然不同，这里的表演绝无急剧的甩头动作，倒是有许多腿部，尤其是穿着暴露的女伴用腿绕来绕去的动作，充满着调情意味。所以，探戈被人称为“三分钟的爱情”。

潘帕斯草原又称南美草原或阿根廷草原，是以阿根廷为中心的草原，面积约 76 万平方千米。该草原有两个特点：一是草原茂盛缺少森林和树木，包括乔木和灌木。“潘帕斯”在当地印第安克丘亚语中原意是“没有树木的大草原”。第二个特点是得益于南美亚热带湿润的气候，牧草包括禾草植物、杂类草都异常繁茂，被称为“高草草原”，使人想起“风吹草低见牛羊”的实景。草肥牛壮，阿根廷成为世界上首屈一指的牛肉出口国，每年要宰杀一千多万头牛，西欧的牛肉绝大部分是来自阿根廷的冷冻牛肉。然而，阿根廷人自己只吃刚宰杀的鲜牛肉。

要体验潘帕斯的生活，最好是去一个当地的农庄。离布宜诺斯艾利斯不远，

高卢人的农庄节日

就有许多专门接待游客的潘帕斯庄园。这些开办旅游的庄园大多已有百年以上的历史，有的庄园主人曾是声名显赫的富豪或高官，因此庄园建筑风格各异，有的堪称宫殿城堡。

我去了一个距布宜诺斯艾利斯 100 多千米的高卢人的农庄，这里有南美深秋的田园风光：阳光，草原，牧民，马，农舍，烤肉和葡萄酒，再加上民俗歌舞，真实，朴实，自然，身置其中让人感到一切尽在自然中。到达时，穿着民族服装的小姐出来迎接，同时献上风味小吃和葡萄酒及各种饮料。潘帕斯草原的蜂蜜是游客的最爱，加入蜂蜜的马黛茶令人唇齿留香。

这些庄园都占地数百公顷，主人会请客人任选骑马或乘马车参观。我选择了骑马，随着牧场的牛仔在草原上信马由缰，羡慕会骑术的游客尽情奔驰。午餐是地道的各种阿根廷熏烤食品，特别是炭烤牛肉十分美味，还有各种酒和饮料。在用餐的同时，有民间歌舞表演，高潮时游客与当地人一起载歌载舞，气氛非常热烈。用餐过程约 2 小时。农庄有一个乡村博物馆，展示一些历经年代的民俗用品。

达尔文停留阿根廷期间与高卢人做伴，对他们赞赏有加。高卢人是阿根

阿根廷烤肉是世界级美味

马术表演的高潮是骑手用小棍挑起高悬的戒指

廷的土著居民，标准装束是白色绸布衬衫配深色马甲和深色圆边帽，脖子上系着红色三角巾，下身是皮裤和高筒靴。高乔人以骑术精湛著称。下午，我们观看高乔人的马术表演，表演包括各种杂技和骑术。高潮场景是多名骑手飞驰而来，跑在最前者用手中的小木棍准确地挑下一只高悬的戒指献给在场的一位美丽少女，获胜骑手在众人的掌声中领取少女的香吻作为奖赏。

达尔文考察中一再提到的巴拉那河就在布宜诺斯艾利斯近郊。拉普拉塔河 - 巴拉那河是南美洲仅次于亚马孙河的第二大河流，风景宜人。这条河流是由发源于巴西高原东南面的巴拉那伊巴河先与格兰德河会合流向西南，其中巴拉那河干流（从格兰德河与巴拉那伊巴河交汇处算起）全长 2 580 千米，经巴西中南部至瓜伊拉，而后穿行于巴西与巴拉圭之间，经过科连特斯进入阿根廷，先往西南再往东南流，与乌拉圭河汇合后称拉普拉塔河，最后注入大西洋。伊瓜苏瀑布就在巴西和阿根廷交界处的下游，在巴拉那河的上游处。它与跨加拿大与美国的尼亚加拉瀑布、跨津巴布韦和赞比亚的维多利亚瀑布并称世界三大瀑布。它也是世界上最宽的瀑布。凸出的岩石将奔腾而下的伊瓜苏河水分割成大大小小 270 多个瀑布，形成半环形层层叠叠的瀑布群，雨季时总宽度达 4 000 米，平时也在 3 000 米以上，平均落差 80 米，其宽度是尼亚加拉瀑布的 4 倍。瀑布环绕着一个马蹄形峡谷倾泻而下，景象壮阔震撼。

我以前在巴西境内看过伊瓜苏瀑布，这次又从阿根廷一侧游览。两者的感受完全不一样，巴西一侧看到的瀑布更加壮阔，仿佛被瀑布夹在中间，但不能看到水流最汹涌的“魔鬼咽喉”。这一次，我先到达阿根廷境内蝴蝶飞舞的伊瓜苏国家公园。在这里乘坐免费小火车开往通向峡谷顶部的瀑布中心栈桥，就是被称为“魔鬼咽喉”的瀑布水流最汹涌之处。离开栈桥，我乘坐小艇去近处看瀑布。小艇先远距离慢慢行走，让游客观赏拍照。然后，船员通知大家用专门的防水口袋将相机保护好，小艇随即一次次冲到瀑潭深处，瀑布从天而降，小艇如同一块木片被瀑布冲走，游客成了真正的落汤鸡，惊险而刺激。

旅途思考：

关于诺亚方舟的质疑

诺亚方舟是圣经中一个著名的故事。《旧约 · 创世纪》第 6 章到第 9 章记载了诺亚方舟的故事。世界在神面前败坏，地上充满了强暴。神决心毁灭世界。但神知道诺亚是义人，于是对他说，“我要使洪水泛滥在地上，毁灭天下，凡

地上有血肉、有气息的活物无一不死…… 你要用歌斐木造一只方舟，分一间一间地造，里外抹上松香。你同你的妻、儿子、儿妇都要进入方舟，好保全生命。凡有血肉的活物，每样两个，一公一母，你要带进方舟。飞鸟各从其类，牲畜各从其类，地上的昆虫各从其类，每样两个，有公有母，要到你那里好保全生命。”

《圣经》中写道：“…… 势在地上极其浩大，天下的高山都淹没了…… 凡地上各类的活物，连人带牲畜、昆虫以及空中的飞鸟，都从地上除灭了，只留下诺亚和那些与他同在方舟里的…… 过了一百五十天，水就渐消…… 方舟停在亚拉腊山上…… 又过了四十天，诺亚开了方舟的窗户，放出一只乌鸦去，那乌鸦飞来飞去，直到地上的水都干了。他又放出一只鸽子去，要看看水从地上退了没有。但遍地都是水，鸽子找不着落脚之地，就回到方舟诺亚那里，诺亚伸手把鸽子接进方舟来。他又等了七天，再把鸽子从方舟放出去。到了晚上，鸽子回到他那里，嘴里叼着一个新拧下来的橄榄叶子，诺亚就知道地上的水退了。他又等了七天，放出鸽子去，鸽子就不再回来了…… 于是诺亚和他的妻子、儿子、儿妇都出来了。一切走兽、昆虫、飞鸟和地上所有的动物，各从其类，也都出了方舟。走出方舟之后，诺亚建造了一个祭坛，向神敬献了祭品。耶和华闻那馨香之气，决定不再用洪水毁灭世界了，并在天空制造了一道彩虹，作为立约。”

笃信上帝创造世界的信徒，一直视这一故事为历史。曾有不少地方声称是诺亚方舟停泊之地。

达尔文在航行中，第一次见到如此多的物种，开始怀疑诺亚方舟的真实性。

事实上，在喜欢较真的科学家面前，诺亚方舟的传说经不起推敲。

按照《圣经》说法“方舟的造法乃是这样：要长三百肘、宽五十肘、高三十肘。”学者考据，1 肘相当于 0.445 米。因此诺亚方舟的体积是 133.5 米 ×22.3 米 ×13.4 米，总容积 4 万立方米，底仓面积 8 900 平方米。其大小及排水量约为著名的“泰坦尼克”号（排水量约 5.3 万吨）的五分之三。这确实是一艘巨大的全封闭船。

然而，诺亚方舟就算再大，空间也十分有限，故它所能携带的动物种类势必不可能超过万种。这无法解释如今地球上仍存在着几百万种物种，当初这百万种物种究竟是如何逃过《圣经》上说的大洪水的。诺亚在方舟内漂流生活了一年才着陆，舟内的食草动物或许可吃干草勉强撑过一年，但处于食物链高阶的食肉动物如狮、虎、豹、狼、熊、鹰类等，则需牺牲大量的其他动物才能存活下去，这在科学上难以解释这些肉类来源——就算方舟内可能已导致许多物种消灭，也很难维持近一年时间的食物链平衡。热带动物与寒带动物，其生理构造、生活条件截然不同，在不适应的生存环境下将导致大量死亡。诺亚木造方舟的简陋环境，在理论上并无法同时兼顾必须在寒冷环境才能生存的北极熊、南极的企鹅等，以及只能在高温热带地区生活的长颈鹿、斑马、大象、鳄鱼等。就算姑且适应寒带的动物不论，一个木造的方舟内实际上也难以同时存在热带雨林与热带沙漠这两种极端生态环境的生存空间。高达 4 000 米的全球性大洪水，并不可能轻易在短短一年时间内迅速消退，理由是地球上此时并无他处可供宣泄这些比现在海洋总容量还高几千倍的惊人水量，除非它们是被高温蒸发到太空中去——但若如此高温，则会导致所有地球生物全部灭绝。因此，诺亚方舟应当只具有寓言的意义。

但是相信诺亚方舟的人仍在寻找证据。2000 年代初，我国香港特区基督教学术演讲者梁燕城在考证了流行的传说并参考卫星图片后，断定方舟最后在土耳其及亚美尼亚边境的亚拉腊山山顶停下。更有甚者，2010 年 4 月 28 日国外媒体报道，我国香港和土耳其的探险队员表示，他们在土耳其东部的亚拉腊山附近真的找到了传说中诺亚方舟的船身残骸，并拍下现场探勘的影片。测试采样木片后，发现这些残骸的年代可以追溯至 4800 年前，即《创世纪》中所描述的诺亚方舟的存在时期。我国香港导演杨永祥说：“虽然我们不能百分之百确定它就是诺亚方舟，但可能性达到 99.9%。”

诺亚方舟故事的发生地——亚拉腊山

5 巴塔哥尼亚高原：独特的美丽单元

巴塔哥尼亚高原

我们在一个大约有200平方码那么大的海滩上，发掘了9种巨大的四足兽的遗骸和许多分散开的骨块。第一种是身体特别巨大的大懒兽；第二种是类似大懒兽的巨树兽；第三种是大小和犀牛差不多的臀兽，它完整的骨骼几乎被我全部找到了；第四种是体型较小的磨齿兽，它跟上面提到的动物还有密切的亲缘关系；第五种贫齿目四足兽的体型也很巨大；第六种动物有着跟犰狳背甲很相似的骨质外壳；第七种动物是马，不过这种马已经灭绝了；第八种动物属于厚皮类，可能是马克鲁鲁，它的长颈和骆驼一样；第九种是跟以往动物相比最奇怪的一种，那就是箭齿兽。

——达尔文《航海日记》

巴塔哥尼亚高原是个自然地理环境比较独特的地方。高原北起南纬36度的科罗拉多河，南到火地岛，西接安第斯山，东邻大西洋。面积786 938平方千米，约占阿根廷领土的28%。包括4个省和火地岛部分（另一部分在智利境内）。巴塔哥尼亚有众多国家公园，无疑是地球上最有魅力的地方之一。对于旅游者甚至探险家具有浓厚的吸引力。

巴塔哥尼亚的理想旅游路线是从布宜诺斯艾利斯出发，先游览阿根廷一侧，包括美丽小镇巴里洛切、莫雷诺大冰川国家公园等，然后来到火地岛；再从阿根廷与智利的界湖乘船到智利一侧，来到智利最南端的城市蓬塔阿雷纳斯，看麦哲伦海峡，然后游览智利最著名的托雷斯·潘恩国家公园（也有译为百内国家公园）等。但由于签证、飞行路线、轮船航程、汽车道路等问题，这样的行程其实很难操作，我也是去了三次才游览完这一地区。

巴塔哥尼亚最著名的山峰莫过于菲茨罗伊山（Monte Fitz Roy），因为山顶常被云雾遮盖，被当地人称作“Cerro Chalten”，意思是云雾之山。山峰高度为3 405米，山势异常险峻，许多地方是一系列垂直岩，令人难以置信地陡峭，被认为是世界上最漂亮的岩石大墙。所以，许多游客把菲茨罗伊山作为徒步和攀岩的圣地。我刚知道菲茨罗伊山时，惊异它竟与达尔文环球航行搭乘的贝格尔号考察船船长菲茨·罗伊同名。后来才知道，这座山就是由阿根廷人莫雷诺用贝格尔号船长菲茨·罗伊（R. Fitz Roy）的名字命名的。莫雷诺曾到该地区探险，他是一位著名探险家，莫雷诺大冰川就是以他的名字命名的。

巴里洛切风景堪比瑞士

我们的旅行从游览巴里洛切开始。巴里洛切坐落在阿根廷西部安第斯山麓，在感受了安第斯山的雄奇后，巴里洛切则让人看到精致的秀美，依山傍水的小城有着“小瑞士”的美称，不仅自然环境酷似欧洲的阿尔卑斯山地区，甚至居民也以德国、瑞士、奥地利的移民后裔为主。建筑物的风格沿袭了欧洲故国的传统，因此，来到这里的人会忘记现在是身在南美。我们到巴里洛切时是南半球的初春，花木葳蕤，风轻水静。在湖畔雪峰倒影流连忘返之际，我们却想着应当在 8 月南半球隆冬时节，再来这一滑雪胜地，参加盛大的冰雪节，一睹新选出的冰雪皇后的美丽容颜。

我们从巴里洛切乘飞机到达卡拉法特，这里是徒步旅行的中心。我们入住一家中国人开的木屋旅馆，旅馆居然是四星级的等级。放下行李，同行的贺林购买了一件防寒衣，我想他是看中了衣服上的“Patagonia”（巴塔哥尼亚）字样。

1519 年，麦哲伦的船队从大西洋航行经过这片高原，船上的书记官皮加费塔看到当地土著居民穿着胖大笨重的兽皮鞋子，在海滩上留下了巨大的脚印，便把这里称为“大脚”。麦哲伦用西班牙语“巨足”（Patagon）命名了这一南北长 2 000 千米、面积达 90 万平方千米的巴塔哥尼亚高原，这就是美洲的大脚。这些报道都将巴塔哥尼亚人描述为巨人，实际上，这里的人种与其他地区并无显著不同。巴塔哥尼亚高原地形复杂，大脚南端延伸接壤南极洲的冷酷冰层，北方则是草肥牛壮的潘帕斯草原。高原上既有海拔超过 3 000 米的死火山，也广布着 300 多个大大小小的冰蚀湖和冰碛湖，它们构成了南美的重要湖群。巴塔哥尼亚有接壤南极的冰川，也有枝繁叶茂的原始森林。这壮美的自然环境形成的国家公园和保护区内，动物种类丰富，尤其是羊驼、美洲豹、兀鹰、企鹅、海狮、海象等都是当地特有的珍贵动物。

次日晨，我们乘车来到莫雷诺大冰川国家公园。与我在南极看到的透明、

高原地形复杂多样

冰川公园

奇形怪状的冰川不一样，这里的冰川浑然一体，高达 3 600 米、绵延 200 千米，呈现淡蓝色，像一块巨大的奶酪。但这块蓝色奶酪会时时移动和崩裂，十几分钟就可看到一次。巨大的冰块落入水中溅起冲天的水柱，发出巨大的响声。游人可以沿着长长的木栈道去进行冰川摄影，也可乘坐定点游船去观看海中的冰川，近距离感受冰川断裂的轰鸣。

我游览智利一侧的巴塔哥尼亚高原是从智利首都圣地亚哥飞到蓬塔阿雷纳斯，乘出租车前往 400 千米外的托雷斯·潘恩国家公园。我到达时是五月，

巴塔哥尼亚的斑斓秋色

瀑布和河流遍布整个高原

此时是南美的秋天，汽车行进途中，窗外的秋叶斑斓、瀑布清澈、山峰险峻，远处的雪山闪耀、近处的流水潺潺，真是移步换景。我为时时要请出租车司机停下来照相而感到不好意思。

在一个左侧是蓝色瀑布汹涌、右侧是黑色悬崖高耸的绝佳摄影景点，我构图一个人在悬崖边上俯瞰瀑布的画面，正准备走过去，大风骤起，人根本无法行走，更不用说站到悬崖边，就在路上也很难站立。大风将我的相机包掀开，里面的闪光灯、偏振镜、胶卷散落一地，幸亏司机连忙帮我收拾并拉住我,我才落荒而逃。这下我才体会到书上介绍的“巴塔哥尼亚气候条件恶劣，素有‘风土高原’之称”之说不谬。

靠近巴塔哥尼亚南部海岸以东约 500 千米，南纬 52° 左右的海域是首府为阿根廷港（斯坦利）的马尔维纳斯群岛（英称福克兰群岛）。

贝格尔舰航行期间，曾在 1833 年 3 月 1 日和 1834 年 3 月 16 日两次停靠在索莱达岛（东福克兰岛）的伯克利。达尔文在马尔维纳斯群岛主要观察了狼形狐、鹭鸶、企鹅、大头鸭和珊瑚等，特别对濒于灭绝的狼形狐感到担忧：“如今，狼形狐的量已经非常少了。在伯克利海峡和福克兰群岛的圣萨尔瓦多湾峡谷东面地区，狼形狐已经灭绝。将来假如移民把福克兰群岛全部占据，那过不了多长时间，狼形狐的命运估计会跟渡渡鸟的命运一样，永远地从地球上消失。”

阿根廷和英国都宣称拥有该群岛的主权。1982 年，阿根廷对群岛实施军事占领，马岛战争由此爆发，十星期后，阿根廷战败撤军，英国继续将军队驻扎在岛上，并实施军事专区和捕鱼保护区。但阿根廷仍在通过国际途径重申自己的主权。我访问相关地域时，纪念阿根廷战死将士的长明烈火仍在专门设立的纪念碑前熊熊燃烧。

巴塔哥尼亚高原还保持着蛮荒的寂寥，少有人烟。许多动物自在行走，毫不怕人。最多的动物是羊驼，它们聚群而居；鹿群则总是露出惊恐的眼睛，瞬间跳走，却又停在前面树丛边望着你。偶尔有狐狸出没，鸸鹋和小鸵鸟则缓缓踱步。我想起了达尔文《航海日记》中的一段话：

在北巴塔哥尼亚的内格罗河边小住的时候，我经常能听当地人提到一种很稀有的鸟类。据他们说，这种鸟与鸵鸟相比体形偏小，外形却和常见的鸵鸟很像。因此，他们给这种鸟取名“小种鸵鸟”。

马滕斯先生射杀过一只小种鸵鸟。只是当时我没有记住小种鸵鸟的任何相关信息，只是粗略地观察了一下这只鸵鸟，非常武断地将其判断成一

只幼小的普通鸵鸟。等我想到这些知识的时候，我们已经把这只小种鸵鸟煮熟吃掉了。万幸的是，还保留了它的头、颈、双腿和双翼，及较长的羽毛和一大片皮肤。后来，我们居然用这些东西拼凑成了一个相对完整的标本。这个标本现在就陈列在动物学会的博物馆里面。古尔德先生为了表示对我的敬意，特意在描述这个新物种的时候，用我名字给它命名为“达尔文南美鸵鸟”。

看来，吃掉一种珍稀动物并不可怕，关键是能否把吃剩的骨骼完整拼合起来给人看。不过，今天你如果再吃珍稀动物，等到的也许不是一项命名物种的荣耀，而是一张司法传票。

旅途思考：

动物为什么会灭绝

达尔文在环球考察中看到许多已灭绝了很多年的动物化石和遗骸，如箭齿兽、大懒兽等。这些是他最先收集的标本。

动物为什么会灭绝呢？物种灭绝的主要原因有以下几种：

1. 物种自身的原因

物种退化和遗传衰竭，这是物种濒危甚至灭绝的内在原因。某些动物在繁衍后代方面存在缺陷或近亲繁殖，导致退化，不能适应变化了的环境，这就是达尔文认为的“不适者被淘汰”的结局。

2. 突发灾变

目前恐龙灭绝的原因之一就有 6 500 万年前小行星撞击地球造成海底火山大爆发、白垩纪末期气候异常等假说。

3. 自然环境变化影响食物链

非常典型的例子是大熊猫以箭竹为主食，当自然环境变化时箭竹开花后枯死，大熊猫的生存就出现了危机。

4. 人类活动，尤其是捕杀

人类砍伐森林使野生动物栖息地丧失，湖泊和湿地的开发导致水禽、两栖动物和爬行动物，以及鱼类面临濒危。环境污染使野生动物难以生存和繁衍。尤其是人类为了获得食品、毛皮、珍贵装饰品或药材而大量捕杀动物。

这里可以列出一个长长的灭绝动物的名单，比较著名的有：

渡渡鸟于 1681 年灭绝；

大海牛于 1768 年灭绝；

恐鸟于 1800 年左右灭绝；

开普狮于 1865 年灭绝；

阿特拉斯棕熊于 1870 年灭绝；

中国白臀叶猴于 1882 年灭亡；

斑驴于 1883 年灭绝；

中国犀牛于 1922 年灭绝；

台湾云豹于 1983 年灭绝；

......

值得注意的是，这种灭绝的危险目前仍在每时每刻地发生着！

6 火地岛的巨大变迁

1832 年 12 月 17 日，贝格尔号进入海湾时，我们受到了火地岛人的热情欢迎。

火地岛人是一个还没有被开化的种族。

火地岛人的皮肤呈现灰暗的红铜色，他们身上也只穿了一件羊驼皮做成的斗篷，驼毛披在外面。他们经常把这种斗篷甩到肩膀一边，弄得身体半露半掩的。

我们不禁疑惑：这些还没有开化的火地岛人到底是从哪里来的呢？他们来这里到底是因为什么呢？或者是当时的北方地区是否发生了巨大的变化，让这些人放弃了良好的生活环境，沿着安第斯山脉这条美洲的脊梁向南迁移，还发明和建造了那些在智利、秘鲁和巴西的部落没有出现过的独木舟，最终到了这个地球上极致荒凉的地方呢？

——达尔文《航海日记》

火地岛位于南美洲最南端，隔着最窄处仅 3.3 千米的麦哲伦海峡同南美大陆相望，面积 4.87 万平方千米，包括附近数百个小岛和岩礁。火地岛约三分之二属智利，三分之一属阿根廷，两个国家以界湖 Lago Roca 为分界。

火地岛得名源于麦哲伦。1520 年 10 月，这位航海家在发现麦哲伦海峡时，看到岛上土著居民燃起堆堆篝火，于是就把这个岛命名为“火地岛”。乌斯怀亚城（西经 68 度，南纬 55 度）是世界上最南端的城市，所以人们说它是真正的天涯海角。

火地岛是贝格尔号航行的重点。之前舰长菲茨·罗伊已在 1826—1830 年乘坐贝格尔号完成了对火地岛沿岸的勘察工作，这次的任务之一是对火地岛的南岸作进一步测量。在上一次火地岛航行结束时，菲茨·罗伊把 3 名年轻的火地岛人，两位男性杰米·巴顿和约克·敏斯特，一名女性富其亚·巴斯科特带到英国，同样年轻的菲茨·罗伊自费让他们在英国学习语言和受教育。他们在这一次航行启程后和其他船员一样工作，菲茨·罗伊确信他们已被他培养成文明人，将在今后影响周围的火地岛人。

但菲茨·罗伊错了，三名火地岛人回归故土，立刻脱掉英国式衣服，恢复当地土著的打扮，回归他们火地岛的生活方式，丝毫不留恋英国的文明。这引起达尔文对人类起源、迁徙及其相互关系的深思。

我从布宜诺斯艾利斯乘飞机，飞行 3.5 小时到达火地岛首府乌斯怀亚，人们以前看到火地岛名称时，很容易联想起火焰山，以为这是一个很热的地方，其实，飞机上看到的火地岛是一片白雪皑皑的森林和湖泊。

乌斯怀亚不大，唯一的小街是圣马丁大街，街上有许多出售纪念品的商店。游客中心不间断地放映南极探险的影片，提醒你这里是南极的门户，我就是从乌斯怀亚出发去南极的。除了小街，你还可以看到一些历史遗迹，包括著名的监狱。

阿根廷1960年建立了火地岛国家公园。从乌斯怀亚乘汽车约40分钟即到，这里有名字为“天尽头”的火车站，可以乘小火车游览公园景色，也可以沿着阿根廷和智利共有的湖 Lago Roca 步行，游览茂密青葱的森林和湖畔好像是用中国画技法“皴法”画出来的。

火地岛的另一个游览胜地是法尼亚诺冰川公园。进入公园，远处是重峦叠嶂的皑皑雪山，近处，一个方圆几百平方千米的湖泊拥有数千年连绵不断的冰川风光，你可以沿着修缮良好的栈道走到冰川面前，也可以乘船观赏奇形怪状的冰川。最主要的是，冰川时时在崩塌，巨大的冰川落入湖中，将波平如镜的湖水瞬间激出水花，声音响彻群山。

依山傍水的火地岛

如今的火地岛已成为一个繁忙的港湾

火地岛的土著居民在聚居区可以看到，他们住在兽皮搭成的低矮窝棚里。据说，他们还保持着原始的生活风俗。我真想问问，你们当中谁是当初贝格尔号船长菲茨·罗伊航行时曾经带回过英国的火地岛人的后裔？

山区森林海保留着原始风貌

旅途思考：
动物的遗骸、化石和 DNA

动物包括人死后，尸体的肌肉、皮肤、内脏等柔软组织，因为微生物的分解作用，会很快腐烂，但骨骼、牙齿等能保存很多年，即骨骸。狭义的遗骸专指骨骸。

化石有专门的定义，它是指存留在岩石中的古生物遗体、遗物或遗迹，由于经历了石化过程，变成了石头一样的东西。简单地说，化石就是古代生物的遗体或遗迹变成的石头。

石化过程需要特殊条件。一般来说，如果古代生物的尸体恰好被泥沙掩埋并与空气隔绝，造成腐烂过程变慢。泥沙空隙中渗入的地下水，水流一方面会溶解岩石和泥沙内的矿物质，另一方面将水中过剩的矿物质沉淀下来或成为晶体，随着水流逐渐渗进埋在泥沙中的骨骼内，填补有机质逐渐腐烂后留下的空间。这样牙齿和骨骼化石便完好保存下来。由于化石中的大量矿物质是极为细致地慢慢替代其中的有机质，所以能完整地保存牙齿和骨骼原来的形态，甚至微细的组织结构。三叶虫化石、植物化石、贝壳化石、鱼化石、恐龙化石等是发现得最多的化石。

有些时候根本没有古生物的尸体，仅仅是古生物的活动遗迹空间也可以由外界渗进的矿物质填充其空间成为化石，例如“脚印化石”就是这样形成的。所以，化石的本质是石头，其成分多数是硅酸盐或碳酸盐，除特殊情况外，里面不存在有机质，对于恐龙等古生物而言，当它们死去并变成化石后，其中的蛋白质等有机成分就会分解，剩下的化石就只是矿物质。因此，尽管有科学家认为可从几十万年前的化石，尤其是冰冻层的化石层获得 DNA，但实际上利用化石提取 DNA 的成功记录还是比较少的。

7 智利和麦哲伦海峡

从地图上看智利，它位于安第斯山脉和太平洋之间，是一块狭长如带的土地。这片土地横穿了附近几条与主山脉平行的山脉。处于安第斯山脉的主脉和其他几条山脉中间，有一些连续展开的平坦盆地，各个盆地之间连接着一些狭窄的山道。在这些盆地中建立的几个重要的城市有：费利佩、圣地亚哥和圣费尔南多。其实这些盆地也可以叫作小的平原，是一些相隔不远的平坦河谷，一直连接到海边。我认为，海边河流出口应该就是古代狭长的海口，底部是深深的海湾，就像现在把火地岛和西海岸那些切割开的海岸一样。因此，在陆地和水域的地形方面，古代的智利应该与火地岛很相似。

我们在 1834 年 5 月底第二次进入麦哲伦海峡。这里的海峡两岸几乎全是平整的平原，情况和巴塔哥尼亚的比较相似。

——达尔文《航海日记》

记得中学上地理课时，印象最深的就是老师把智利地形比作一只长长的靴子。但当时如果老师不是只强调考试要考智利的矿产，而是讲讲它的美丽，恐怕大家就不会在课堂上昏昏欲睡了。

智利位于南美洲，是世界上领土最狭长的国家。多狭长呢？从北到南长达 4 270 千米。而东西之间的宽度平均只有 180 千米，是长度的 1/24。所以有人说，哪有那么长的靴子，说是毛笔还差不多。

智利是南美洲发达国家之一，矿产资源丰富，是世界

麦哲伦雕像

上唯一能生产天然硝石的国家，硝石是提炼氮、钾、钠、硫、碘等元素的天然原料，是炼铜时提高铜纯度的必需添加物，是军工业必不可少的原料。智利铜矿占世界总量的29.79%，居世界第一位，可供开采60多年。此外，智利还有金、银、铁、煤、碘、铅、锌、锰、水银和石油等矿藏。铁矿石的含铁量在60%，媲美世界第一高品位的瑞典铁矿石。

矿产资源带来巨大财富，也支持智利成为南美的军事强国。多年来，智利通过战争从玻利维亚得到大片土地。蜚声全球的复活节岛本来早就有土著居民居住。英国航海家爱德华·戴维斯1686年第一次登上这个小岛，并发现巨大的石像群。1805年起，西方殖民者以及海盗从岛上抓走大量土著人当奴隶。剩下的居民许多死于西方传来的天花，19世纪70年代幸存的土著人纷纷逃亡到塔希提岛，到1877年，岛上人口只剩下111人。于是，1888年，也是复活节这天，智利政府宣布吞并复活节岛。现在，到南极的航空旅游也由智利航空公司垄断。

智利不同地理环境的瑰丽景色使它的旅游资源十分丰富。2017年，引领世界旅游行业的著名旅游团体“孤独星球”（Lonely Planet）将智利评为“2018年十大最佳旅行国家之一”。旅行社的宣传语是：“上帝在创造世界之后，还剩下很多特殊又美丽的东西不知道放哪里好，于是就把它们一股脑放在一起，形成了智利。”

智利首都圣地亚哥是一座拥有400多年历史、带有浓郁西班牙风格的古城。我的旅行也是从圣地亚哥开始。圣地亚哥的风格已经非常现代化了，市区中心是圣卢西亚山，山路盘旋直通山顶，爬起来不轻松。山上有古希腊雅典式的白石门廊，有殖民时代的苍劲的巨型壁画。山上的古堡、城墙和铜炮至今犹存。从山顶上可俯视全市区，市区另一座山是圣克里斯托瓦山，山上有一座大理石雕成的巨型圣母像。

以圣地亚哥为起点，喜欢沙漠的人可以到世界上最干旱的地方之一——阿塔卡马沙漠。喜欢海岛的可以选择南部群岛。对我来说，多年萦怀的当然是复活节岛和智利南部，阿根廷与智利共有的巴塔哥尼亚高原。

需要提醒的是，智利不仅离中国十分遥远，签证也十分困难。即使旅游，也要有智利方面，如旅行社的邀请函正本，注明邀请人的住所、电话和传真号码，以及被邀请人的姓名、出生日期、护照号码和旅行原因，并经过中国公证和智利外交部及中国大使馆的认证。不过，中国现在一些旅行社已有办法搞定签证。

我的复活节岛的旅程已在我的《沿着人类祖先迁徙的脚印旅行》一书详细描述，本章主要回顾我的麦哲伦海峡的旅行。

1519年9月20日葡萄牙航海家麦哲伦率领一支探险船队开始航行。此次航行的目的是找到一条从大西洋到太平洋的新航道。麦哲伦的船队到达南美洲东海岸后，沿着海岸航行，终于在1520年10月21日找到一条地图上没有标注的海峡。经过一个多月的艰难航行，船队在11月28日驶出海峡，进入风平浪静的太平洋，打破了当时权威托洛密的地理论断，证明地球是圆的。这段海峡被命名为麦哲伦海峡。

麦哲伦海峡全长592千米，最宽的地方有33千米，最狭处仅3.3千米；火地岛是海峡南边最大的岛屿，面积4.87万平方千米，东部属阿根廷，西部属智利。设在蓬塔阿雷纳斯的智利海事局负责麦哲伦海峡的通航，船只必须至少在抵达麦哲伦海峡12小时前向海事局报告，包括船名、船长、最大吃水量、总吨位、航行目的港等内容。整个海峡主航道自东至西分三部分。

从大西洋入口至帕索安科（Paso Ancho），这部分航道水深不超过50米，航道两侧遍布礁石浅滩，部分航段宽度近3千米，其中第一狭水道和第二狭水道水急浪大，是海峡中航行最困难的部分，船只必须被强制引航。第二部分从帕索安科到帕索德汉布雷（Paso Del Hambre），此航段水深基本在百米以上且航道较宽，是海峡中最好走的一段，船只可以自主航行。第三部分从帕索德汉布雷至太平洋入口，此航段是第三狭水道，航行难度最大，船只必须被强制引航。

尽管麦哲伦海峡主航道部分航段水深达几百米，其余航段水深也都在30米以上，能够满足大型船舶通行。但毕竟航道复杂、曲折艰险，自从巴拿马运河通航后，来往大西洋和太平洋之间的船只一般不再经过这里，从而遗留下一个寂寞的海峡。

我是从智利首都圣地亚哥出发，到蓬塔阿雷纳斯来看麦哲伦海峡的。蓬塔阿雷纳斯城市不大，中心街区是中央公园，麦哲伦铜像矗立于公园中央地带，但也许是智利的英语不流行，我的英语可能有问题，或是没有人关心麦哲伦海峡，我以为著名的麦哲伦海峡，竟然问了很多人才找到。

港口依然存在，远处可以看到停泊着几艘与其说是待航，不如说是搁浅的不大的船只。整个海峡十分寂寞，海鸟在漫步，流浪汉在码头边上睡觉，全无港口当年的繁忙景象。当年显赫一时的麦哲伦海峡已被遗忘，给人留下太多的联想和惆怅。

智利狭长的国土跨越38纬度。所以自然、地理环境复杂多样。第3章的旅途思考说过，达尔文环球航行的初衷是研究地质学。1834年7月23日，贝格尔号到达智利的重要海湾——瓦尔帕莱索湾。从这里开始，达尔文从南到北研究了智利的地理、地质、气候以及动植物和人类。他注意到智利北方的

浮雕展示了麦哲伦的环球壮举

干旱，本地的植物非常稀少，只有几个幽深的山谷里长着一点树木，山丘上只生长着一些稀疏草类和少数低矮的灌木，许多地方甚至寸草不生，这些都与生长着茂密森林的安第斯山脉的东侧形成了鲜明对照。

1834年11月10日，贝格尔号启程前往智利南部，考察奇洛埃岛、乔诺斯群岛和特雷斯蒙蒂斯半岛等地区，达尔文主要做一些测量工作。他注意到，硕大坚硬的花岗岩组成了这里的主要部分。由于已历经很多世纪，覆盖在花岗岩表层的云母板岩被侵蚀形成具有各种奇特手指形状的突出物。虽然这两种岩石的构成不同，但都没有植物附着在上面。达尔文对花岗岩情有独钟，认为其不仅分布很广，而且构造非常美丽细致。他在考察中对研究这些山峰的构成兴致勃勃。

对于智利不同纬度造成的气候差异，达尔文感受深切。他写道：我发现气候真的可以决定个人的情绪变化。当我们看到被云霄遮掩了一半的高山时，内心会产生无比崇敬之情；而看到被明朗太空下的蓝色雾气笼罩着的群山时，心中则会感觉到生活的愉快和幸福。两种感受真的是大不相同啊！

在智利，达尔文考察了美洲狮、黄腿狐等高山动物，以及小海獭、红蟹等海岛动物，还有不同纬度下的植物，特别是干旱地区巨大的智利仙人掌、智利平原地区的红雪松、月桂树等。

身后是被遗忘的寂寞冷清的麦哲伦海峡

旅途思考：

达尔文为什么将地质学与生物学联系起来研究

在不同地理环境考察时，达尔文认识到地理、地质、气候对生物的巨大作用。从他的考察日记中可以看出，达尔文在考察了智利之后，他更加注重将地理、地质、气候与生物的生存、灭绝和进化结合起来研究。这一理念贯穿于他整个环球考察过程。返回英国后，他最先发表的论著来自于他在地质学方面积累的资料，包括获得很高评价的《火山群岛的地质学观察》（1844 年）和《南美洲的地质学观察》（1846 年），并以地质学家的身份成为英国皇家学会会员。

达尔文的航行与麦哲伦的航行有什么不同

达尔文的航行与麦哲伦的航行有很多相同点：两人均从欧洲出发，达尔文从英国启航，麦哲伦从西班牙，他们都经过大西洋，在南美洲通过麦哲伦海峡到达太平洋，然后经印度洋、绕过好望角，最后从大西洋回到欧洲。但不同点是，麦哲伦是开拓性探险，路线预先并不知道，而达尔文是考察，按照航程沿途停留的地方更多、时间更长，还到了加拉帕戈斯群岛；达尔文没有经过东南亚，贝格尔号是从新西兰、澳大利亚进入印度洋的，麦哲伦的航行没有经过大洋洲，而是从太平洋到东南亚，因“偶然发现”菲律宾后卷入当地的纷争而丢掉了性命。

8 太平洋小岛的火山和地震

贝格尔号在 1835 年 1 月 15 日那天从洛氏港开始起航。当我们第二次停泊在奇洛埃岛上的圣卡尔洛斯湾时已经过去了三天的时间。在 19 日的夜里，我们亲眼看到了奥索尔诺火山的爆发。那是在子夜时分，负责值班的军官发现了一个巨大的东西，类似星球一般，而且体积一直在增大，光芒四射，就这样持续到 3 点钟左右，它放出了庄严的光辉。我们用望远镜观察到，有一些黑色的物体在那鲜红色的闪光中不断地在空中被抛起又落下。在水面上，非常强烈的闪光留下了一个长长的明亮的倒影。这一段属于安第斯山脉的火山口，可能经常会有大块的熔岩物质喷发出来。因为我曾经听说，当柯尔柯瓦多火山喷发时，会抛出来很多大块的物质，它们在空中爆裂，分散成各种奇形怪状的小块。次日清早，奥索尔诺火山渐渐地停止了喷发。

1835 年 2 月 20 日，据瓦尔迪维亚的编年史记载，是一个非常值得纪念的日子。这一天发生了前所未有的大地震……我当时躺在海边的一个森林里休息……这种震动让我感觉头昏眼花。

——达尔文《航海日记》

乘小型飞机去看太平洋中的火山岛

远眺活火山

喷发的火山犹如原子弹的蘑菇云

世界上许多地方都有活火山，而且很多成了旅游胜地，我以前看过日本阿苏火山，远处看青烟袅袅，走近看，满眼浓雾烟尘，火山口中间可清晰看见绿色的液体，那是熔化的硫磺。

但我真正看过的最震撼的火山是在南太平洋上的岛国瓦努阿图。瓦努阿图地处美拉尼西亚群岛，该群岛由 83 个岛屿组成。瓦努阿图首都维拉港位于 Efate 岛，它有一个很诗意的中文名——云飞渡岛。

我们要观看的伊苏尔火山在塔纳岛上，该岛孤悬于南太平洋的深处，从首都维拉港乘飞机约 30 分钟才能到达。从机场到火山，乘坐吉普车约需 2.5 小时，接近火山附近，已是火山灰遍地，尘雾弥漫。再走近，飘来刺鼻的气味。路上沟壑交错，仿佛月球般的荒凉。最后一段路很难走，汽车在厚厚的火山灰中爬行。

来到火山底部，伊苏尔火山海拔 1 084 米，垂直高度并不高，但山坡非常陡峭，我们一鼓作气，20 分钟即到山顶。整个火山几乎没有植被，都是砂石和火山灰。刚到山顶几分钟，喘息未定，一声巨响震耳欲聋，伴随着凶猛的爆裂，仿佛原子弹爆炸的蘑菇云直冲云霄，包裹着大量热烫的火山砂石。火山灰和沙砾直接落在我们身上、头上。幸亏爆发时间仅仅几分钟，沙砾落下，烟雾缭绕。爆发间歇，我们战战兢兢地拉着手俯瞰火山口，深深的大坑里浓雾翻滚，深不可测，看不清下面翻滚的岩浆。正在俯瞰之际，一次新的爆发又开始了，爆裂声似乎更加巨大，喷发也更加猛烈，冲出的黑色火山砂石如炸弹碎屑，覆盖了周围很远的地域，使人感到从未有过的无助和恐怖。有人

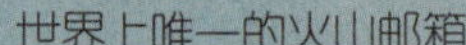
世界上唯一的火山邮箱

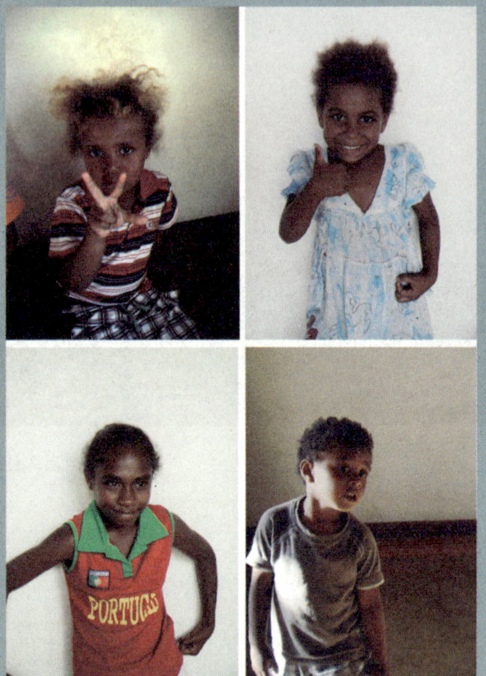
瓦努阿图的孩子们

惊呼："是真的火山爆发了！赶快下山！"人人两股战战，几欲先走。连爬带滚地逃到山下，仍惊魂未定。

下山时看见火山脚下有一个邮箱，标明将会定期投递信件，这是世界上唯一的火山邮箱。导游要我们不要害怕，说这是"世界上最可亲近的活火山"。不久天就擦黑，夜色中仍可见火光冲天。导游问我们要不要再上山，那时会更清楚地看到火山口迸发的红色炙热岩浆，当地人都称之为"上帝的烟火"。但一种敬畏感笼罩着我们，都觉得此地不可久留。

瓦努阿图对持中国护照的公民免签证，但是由于中国没有直飞瓦努阿图的航班，一般需要从澳大利亚转机。瓦努阿图人多为非洲后裔，皮肤棕黑，小孩多衣裳破烂，路上看到几个六七岁的小小孩扛着农具下田，给人留下辛酸的深刻印象。离开时，司机乔纳西将我带到家中，执意要将一个当地打猎的木质长矛送我留作纪念，因不方便携带而婉拒，但很感动他的真诚。

专门用于预警火山喷发的观察哨

旅途思考：
渐变与灾变

达尔文观察过火山爆发和地震对地质和生物的影响。他确信安第斯山脉由于地震作用的累积曾在第三纪发生了隆起。

所有生物与地球密不可分，因此人们很容易理解地质学与生物学的密切关系。这一领域长期存在着关于生物演化的“均变论”与“灾变论”的争论。“均变论”和“灾变论”最初是英国学者休厄尔（W. Whewell）在1832年提出的，后被广泛应用。当时的权威学者如法国地质学家居维叶（G. Cuvier，1769—1832）和英国地质学家塞奇威克（A. Sedgwick，1785—1873）都主张“灾变论”。而“灾变论”往往与“神创论”结合。居维叶认为最典型的灾变就是圣经中记载的大洪灾。他提出，每次灾变过后，躲过灾变劫难残存于地球上某一隅的动物又会渐渐扩充到全球范围，构成新的生物界，直至下次巨大灾变来临之前。

居维叶坚决反对拉马克的生物进化学说。居维叶曾根据他所建立的器官相关法则（比如，有蹄动物决不会生有食肉用的锐齿，而具有利爪的动物则一定长着锐齿）应用到化石研究上，重建起许多现世已不存在的四足动物的骨架。它们令人信服地表明地质史中有过许多早已绝灭了的动物。

此外，他还发现他们发掘出来的动物化石存在一个引人注目的现象：埋藏在越下面即越古老地层中的动物遗骸（如巨大的蜥蜴、会飞的爬行动物、已灭绝的象等）与现存的物种相差越大；而埋藏在越上面即较新地层中的动物遗骸则与现存的物种越接近。这本来是说明动物进化很好的例证，可居维叶却顽固地拒绝接受生物进化的观点。为解决客观事实与其主观意识之间的矛盾，居维叶采用灾变论来解释。

塞奇威克是灾变论者，他是达尔文在剑桥大学接触地质学的启蒙老师，因此达尔文早期也受过灾变论的影响。但达尔文最终成为均变论者，即认为地质和生物不断发生缓慢而均匀的变化。现代学者的共识是，地质剧变和大量生物绝灭确实会发生，因此均变中可以有灾变交织其中，但这与上帝无关。

有学者认为，达尔文后来形成的生物通过渐变而形成新种的进化论观点，就是他将均变论思想衍生到生物界的结果。

9 安第斯山脉和秘鲁

几条平行的山脉组成安第斯山脉，所有山脉中，两条最高的山脉就是接近门多萨那边的坡尔蒂略山脉和接近智利的佩乌克内斯山脉。大概中午时分，我们开始了攀登佩乌克内斯山脉的艰辛旅程。不仅我们初次感到呼吸不顺畅，就连骡队也要时不时地休息几秒钟才能前进。这种因为空气稀薄而引发的呼吸很快的现象被智利人称为“普纳”。

印第安人的废墟我曾经在安第斯山脉的几个地点看到过。当中保存最完好的一个废墟就是位于乌斯帕亚塔山口谭比洛斯。那里紧密地聚集了一些方形的小屋，它们组成了多个相互分开的房屋群，一部分房屋的门洞还留得很完整。

——达尔文《航海日记》

谈到安第斯山脉，大家都知道这是全世界最长的山脉，全长 8 900 千米，它属于科迪勒拉山系（世界最长山系，全长 18 000 千米），从北向南纵贯南美大陆，即从最北面的加勒比海岸，穿越委内瑞拉、哥伦比亚、厄瓜多尔、秘鲁、玻利维亚、智利、阿根廷等国，到达最南端的合恩角。

安第斯山脉从南到北分为三大部分：即南安第斯，包括火地岛和巴塔哥尼亚科迪勒拉；中安第斯，包括智利、玻利维亚和秘鲁科迪勒拉；北安第斯，包括厄瓜多尔、哥伦比亚和委内瑞拉（加勒比）科迪勒拉。整个安第斯山脉的平均海拔 3 660 米，海拔超过 6 000 米的山峰竟有 50 多座，其中汉科乌马山海拔 7 010 米，为西半球的最高峰。这些高峰都是终年积雪。安第斯山地区多数干旱少雨，在这些地方旅行，远处看到的是山峰白雪皑皑，在蓝天衬托下雪峰似乎给人凉意，但眼前的是褐色的山石和沙砾，在阳光下让人酷热难耐，平行山脉之间偶有高原和谷地，但极少树木和草地，鲜花成为很稀罕的风景。

这样土地贫瘠、气候恶劣的地方，却是印第安人世世代代居住的祖地。南美洲的古代印第安人属蒙古人种美洲支，使用克丘亚语，这些人群有特殊的名称“印加”（Inca），意思是“太阳的子孙”，他们以太阳崇拜为主要宗教。也有一种说法是“印加”原来是印第安人部落首领的称呼，被最先到达的西班牙殖民者错误地用来称呼这个部族，以讹传讹，流传至今。印加人曾经建立了以秘鲁库斯科城为中心的强大的“印加帝国”，以盛产黄金、战斗骁勇著称，辉煌时代曾经不断向外扩张，使周围的部族闻风丧胆。

印加土著居民

印加人的陶塑艺术品

芦苇船连接着的的的喀喀湖上的浮岛

我在“印加帝国”的圣湖——的的喀喀湖两边的国家——玻利维亚和秘鲁，拜访印加人的村庄。

到秘鲁的旅行当然不能错过马丘比丘（Machu Picchu），这是印加帝国建于约公元1500年的遗迹。由于地处深山，附近没有人烟，马丘比丘作为一个被人遗忘的古代首都没有受到任何战争的破坏而保存完好，直到1911年被重新发现。1913年4月美国《国家地理》杂志的一本专刊对它加以介绍，智利诗人聂鲁达（P. Neruda）为它写下诗歌“马丘比丘之巅”，使它蜚声全世界，从此稳居各种“一生不可错过的地方”名单之首。

聂鲁达的诗很长，有经典的白描，更有激情的宣泄。

……

于是，我在茂密纠结的灌木林莽中，
攀登大地的梯级，
向你，马丘比丘，走去。
你是层层石块垒成的高城，
最后，为大地所没有掩藏于
沉睡祭服之下的东西所居住。
在你这里，仿佛两条平行的线，
闪电的摇篮和人类的摇篮，
在多刺的风中绞缠一起。
石块的母亲，兀鹰的泡沫。
人类曙光的崇高堤防。
遗忘于第一批砂土里的大铲。
这就是住所，这就是地点；
在这里，饱满的玉米粒，
升起又落下，仿佛红色的雹子。
在这里，骆马的金黄色纤维
给爱人，给坟墓，给母亲，给国王，
给祈祷，给武士，织成了衣服。
在这里，人的脚和鹰的脚
在一起歇息于险恶的高山洞穴，
以雷鸣的步子在黎明踩着稀薄的雾霭，
触摸着土地和石块，
直到在黑暗中或者死亡中把它们认识。

藏在深山中的印加王国城市马丘比丘

1983 年，马丘比丘被联合国教科文组织定为世界上为数不多的文化与自然双重遗产。我乘坐世界上独一无二的“之”字形爬行的火车到达山峰之巅，俯瞰马丘比丘时，产生了一种沧桑何等永恒、人生何其渺小的感悟，从此不再纠结于繁琐小事。

我从马丘比丘下来，到达库斯科，参加一个 20 多人组成的英语旅行团做印加峡谷旅游。

距库斯科 88 千米的拉塔伊坦博（Lataitambo）是参观的重点，这是一处保存完好的印加要塞。一块块形状不一、紧密排列的巨石，重量超过 40 吨，相互契合，刀刃不可插入石缝。

腊奇（Raqchi）为印加时代的一个城市，正面入口处残留一堵石基的土坯墙，12 米高，几十米宽。从土坯墙进去，可看出这是一个住人的城镇，有很整齐的巷道。还有神庙，有 20 个圆柱状基石群，圆柱直径约 1.5 米，周围有大批圆形住宅。

印第安人市场是我最感兴趣的，当地人皮肤深褐，个子不高，穿着色彩鲜艳的厚实服装。农产品市场上，最多的是各种各样的玉米，颗粒饱满，不

巨石垒成的印加要塞

印加地区是全世界玉米的发源地

秘鲁的特色动物羊驼

同颜色的玉米颗粒镶嵌在一根玉米上。我们知道，这里是玉米的发源所在地。今天，玉米是人类的主粮之一。中国的玉米是400多年前从美洲引进的，那时应当是明朝。所以古代的文学作品里没有出现玉米。

库斯科到普诺的路上，一直可见维罗妮卡雪山和萨尔坎泰雪山。路上处处可见羊驼（*Vicugna pacos*），外形像想学长颈鹿把脖子伸长的绵羊，皮毛也像绵羊。但个子大得多，羊驼性情温驯、伶俐而通人性。用羊驼毛织成的披肩是价格不菲的旅游纪念品。

在钦切罗斯，有一个很有名的圣汤姆斯教堂。这是一个混合着当地宗教和天主教的教堂。十六世纪，西班牙人征服了秘鲁，强迫当地人改信天主教。

与印加文化融合的天主教堂

当地人只有顺从接受新的宗教，但他们把自己的神明和信仰渗入天主教中保留下来，教堂内有古老的壁画，木头圣坛，但不同点是耶稣在左侧，圣保罗在右侧，正面上方是印加太阳。这种情况以前我在危地马拉也看到过。

旅途思考：
达尔文和拉马克

大家熟知达尔文建立了进化论，但很少有人清楚，最先系统提出生物进化理论的是法国科学家拉马克。

拉马克（Jean-Baptiste Lamarck，1744—1829）1744年8月1日出生于法国毕伽底的一个小贵族家庭，青少年时期的拉马克先后学习过宗教、天文、金融、音乐、医学，还参过军，但都没有保持长久的兴趣。直到24岁，拉马克与56岁的法国著名思想家卢梭在植物园里偶然相遇，成了忘年交，卢梭把拉马克带到自己的研究室去工作。拉马克从此专心研究植物学，1778年，34岁的拉马克出版了自己的第一部著作《法国植物志》，从此在植物学界崭露头角。1782年，他获得巴黎皇家植物园植物学家的职位。1794年，拉马克开始研究动物学，1800年出版《无脊椎动物的自然历史》。

拉马克影响最大的著作是1809年写的《动物学哲学》。拉马克把脊椎动物分做4个纲：鱼类、爬虫类、鸟类和哺乳动物类，他把这个阶梯看作是动物从简单的单细胞过渡到人类的进化次序。拉马克继承和发展了前人关于生物是不断进化的思想，鲜明大胆地提出生物是从低级向高级发展进化的学说。可以说，是他第一个系统地提出了唯物主义的生物进化理论。他认为：所有的生物都不是上帝创造的，而是进化来的，进化所需要的时间是极长的；复杂的生物是由简单的生物进化来的，生物具有向上发展的本能趋向；生物为了适应环境生存下去，物种一定要发生变异；家养可以使物种发生巨大变化，与野生祖先大不相同；等等。

拉马克肯定了环境对物种变化的影响。他提出了两个著名的原则："用进废退"和"获得性遗传"。"用进废退"是指经常使用的器官会发达，不用的会退化，例如长颈鹿的长颈是经常吃高处树叶的结果，这就是"用进废退"。而"获得性遗传"是指后天获得的新性状有可能遗传下去，如长颈鹿后代的脖子也长。

拉马克生前完全没有得到过学术上的荣誉，一生都在贫穷与冷落中度过，甚至贫病交加去世后，连墓地也买不起，以致后人无法找到他的墓。直

到 1909 年，人们纪念拉马克的名著《动物学哲学》出版 100 周年时，才在巴黎植物园为他竖立了一块纪念碑。

达尔文出生的 1809 年，拉马克的名著《动物学哲学》已经出版。但达尔文在很多年中都很轻视拉马克的学说，甚至认为自己的祖父伊拉斯马司·达尔文早就提出过拉马克的观点，这当然是不正确的。学术界普遍认为，拉马克是第一个试图用自然的原因来解释生物进化机理的伟大进化论者。但多年的研究认为，拉马克对进化原因的解释过于简单化。“生物天生地具有向上发展的倾向”缺乏物质基础；“环境改变必然引起生物发生与之相适应的变异”也缺乏事实根据；“器官用进废退”在当代是可能的，但这种后天获得的性状，如不影响到遗传物质，是根本不能遗传给后代的。反对拉马克的最主要的科学家是德国动物学家魏斯曼（A.Weismann，1834—1914），其经典实验就是 20 世纪初他做的著名的鼠尾巴切割实验，他将雌、雄鼠的尾巴都切断后，再让其互相交配产生子代，生出来的小鼠依旧都有尾巴。再将这些有尾巴的子代互相交配产生下一代，下一代老鼠也仍有尾巴。他一直这样重复进行，直到第 22 代，其后代仍然有尾巴，就此推翻了拉马克的获得性遗传学说。

现代分子遗传学已非常清楚地告诉我们，生物的性状功能无论再常用或不常用，也不会被编码到染色体中。由于基因在拉马克的学说中不作为参考因素，较不符合现代遗传学，因此在目前的科学界中，拉马克学说普遍不被接受。

达尔文在出版《物种起源》第 1 版时毫无顾忌地阐述了自己关于遗传变异的观点而遭遇众多质疑。达尔文在不了解同时代的孟德尔所阐明的遗传变异规律（见第 18 章），不了解遗传变异规律中至关重要的基因型（genotype）和表型（phenotype）的区别情况下，为保卫自己的学说而在以后的第 3—6 版《物种起源》中不断采用获得性遗传的观点来进行解释，将拉马克不正确的“用进废退”和“获得性遗传”理念加入到自己的学说中，使其与拉马克渐行渐近，这是达尔文的不幸。

20 世纪以来，遗传物质的基础 DNA 的发现解释了个体变异的基因本质，也使人们认识到生殖和物理化学因素对遗传变异的影响。遗传学“中心法则”的提出彻底否定了获得性遗传，基因突变被认为是新物种创造的唯一途径，现代分子遗传学已非常清楚，生物的性状功能无论再常用或不常用，也不会被编码到染色体中，从而根本上否定了拉马克学说。也就是说，遗传是通过基因传递使后代获得亲代特征的过程。因此，遗传维持物种在世代间的稳定，而变异则改变这种稳定。遗传与变异是生命对立统一的本质特征。离开遗传就不会有任何物种的存在，而缺少变异就不会有新物种的分化，地球上就不会进化出形形色色的生物物种。

由于孟德尔、摩尔根遗传学说的蓬勃发展，学者们重新掀起了系统研究达尔文学说的热潮，剔除了达尔文学说中诸如器官的用进废退、获得性遗传等不正确的成分，发展了现代进化论的综合理论。

10 加拉帕戈斯群岛：象龟和蜥蜴

1835 年 9 月 15 日，我们在加拉帕戈斯群岛抛锚靠岸。加拉帕戈斯群岛是由 10 个主要岛屿组成，其中 5 个岛屿离赤道很近，面积也比较大。

——达尔文《航海日记》

我们的飞机从美国亚特兰飞往厄瓜多尔首都基多。经过 5.5 小时的飞行，到达时已经是深夜。第二天一早乘出租车到基多老城中心。厄瓜多尔消费不高，基多的出租车更是便宜到无法相信，四个人坐了很长一段路，司机只要 1 美元，我们给了两美元，他很高兴。

从基多到加拉帕戈斯群岛的行程需要临时在基多购买机票，有航班的只有三家公司，较大的是智利航空，但此时仅有一张机票，我们一直等到晚上 8

基多市中心

点，正好有 3 人退票，我们立即购买，基多—加拉帕戈斯群岛的往返票每人 650 美元，如果预先购买，可以便宜 100 多美元。

在基多等候机票间歇，我们先后逛了一些景点，包括旧市街和大教堂。圣弗兰西斯科教堂（就在旅行社旁边）非常古老，在蓝天映照下很有沧桑感。还看了不远处的坎帕尼亚教堂，这些都是基多古老而又有特色的地方。还有赤道纪念碑，这里是零纬度，有很大的纪念碑，还有许多科学家的雕像。最后来到潘尼基洛（Pannecillo）丘陵，上面有一个巨大的圣母像，可以从内部楼梯攀爬上雕像顶端，收费 1 美元。周围山坡上是无数的建筑，密密麻麻，十分拥挤，多数是廉价的私人建筑，但有不同的明快颜色，黄昏阳光下构成十分美丽的城市风景。

去加拉帕戈斯群岛需要填写一个表格，在机场要经过严格的行李检查，

赤道纪念碑

发情时军舰鸟嗉囊变成鲜红的腹部

平时军舰鸟嗉囊很小

严格限制食物，尤其是植物输入，这当然是出于对环境保护的考虑。

飞机从基多起飞，飞行约 50 分钟，经停瓜亚基，再飞 2 小时，到达加拉帕戈斯群岛的首府黑巴克里索港。

下机检查，交上 100 美元的国家公园门票费。再次检查行李，有一位旅客带了两个橘子，被检查出来，后按橘子的重量处以高额的罚款。

下机后乘公共汽车 20 多分钟到达海峡，乘渡轮到对岸，此时乘上旅行社专为我们 4 人安排的出租车，实际就是皮卡车，再走半小时，到达阿约拉港，一个很有特色的旅游小镇，这里的旅行社一家接一家，我们住的旅行社很小，门口写着“BEST PRICE AND BEST SERIVES”（最好的价格和最好的服务），“LAST MINUTES”（最后几分钟）。

我们住的这家旅馆比较简陋但还算干净。放下行李换好短裤 T 恤衫，参加半日游。导游是一位老头，我们先乘小汽艇到附近小岛，看海岛峭壁。这里栖息着很多海鸟，有一只军舰鸟落在岩石上，露出一点点鲜红的喉囊，当它求偶时，会把喉囊展示得像一个球，远看像企鹅一样，但是呈红色的肚皮。军舰鸟翅膀很长，尾巴长而分叉。我原以为它得名“军舰鸟”是因为常常盘旋在军舰附近。请教专家才知道它的英文名意思是海盗鸟，因为它善于在空中抢夺其他海鸟的食物。

下午在海岛登陆，步行通过巨型仙人掌林，这种仙人掌竟然有松树样的树干和树皮，这是我从来没见过的。我问导游，他说这种仙人掌生长有

海岸上巨大的仙人掌

200~250 年了。

海岛上看到最多的动物是海狮，它们到处躺着晒太阳，挡住我们上船的台阶也不在乎。

海边的石块都是黑色的火山石，到处是鲜红色的螃蟹在爬行，螃蟹还会从一块礁石跳往另一块礁石。有的从高高的岩峰跌下，竟然没有摔坏外壳，又再次攀爬。

我们来到一个海滩，这里有几百只黑色蜥蜴，互相依偎着，重重叠叠，偶尔有几只爬行。场景令人害怕。

海岛风景很美丽，海水清澈蔚蓝，甚至有一些分布在岩石中间的湖泊，不大，但很蓝。最后去的地方是一个悬崖中的湖泊，胆大的年轻外国旅客竟然在此跳水，我摄下了整个过程。

次日上午 7 点到码头，参加旅行社组织的海岛游。7 点多登上一条不大的汽艇，坐二十多人，我们四个人与船长一同在顶楼。风浪很大，佩服船长竟敢开这么一艘小船闯荡太平洋。

路上经过圣菲岛，汽艇没有停留，继续航行，2个多小时后到达圣克鲁斯岛（San Crosto）。岛上的房子很漂亮，我们这个团共有十多人，分乘几辆皮卡，到达一处海滨，非常漂亮，海滩上还有很多漂亮的海狮。不时有海狮从熟睡中醒来，抬起头来左右张望，憨态可掬。我拍到了难得的海狮正面“标准像”。

海滩上处处是海蜥蜴，我们看到一条80多厘米长的，在礁石上昂首等候我们，我们走得很近与它合影，它还不时更换姿势摆拍，绝不躲闪，

导游留下一些时间任大家游泳。我们则在海里拍摄到游泳的海龟，然后步行一段路，在岛上一家美丽的小餐馆午餐。我吃的是鱼。

海滩礁石均为黑色，导游在岛上的一个小博物馆中讲解海岛的成因，主要是由于火山爆发。博物馆还有由不同人种正面像组成的人墙。

离开加拉帕戈斯群岛

海岸边遍布红蟹

岛上的蜥蜴重重叠叠

岛上的巨蜥长度可达一米以上

前来迎接游人的海豹

我在岛上的达尔文研究中心

的前一天，我们专门做达尔文之旅。上午早餐后，一位导游专门带我们乘皮卡，先到查尔斯·达尔文站，与这里的来自不同国家的研究人员交谈，然后去看这次海岛之游的主要观测对象之一——象龟，象龟的体型可达 3 米，最大体重可达 250 千克，寿命最长的可达 400 年。这种龟的名称就叫加拉帕哥斯龟。

开车来到森林中看到许多只野生龟，但它们都在泥塘中，导游说，这些龟因为体重原因，会被淹死，所以从不下海，从而变成了陆地龟。但也许是基因里对水的远古记忆尚未消失，所以它们喜欢在泥塘里栖息。

旅途思考：

加拉帕戈斯群岛与达尔文的进化论

加拉帕戈斯群岛，亦称科隆群岛，位于太平洋东部的赤道上，是厄瓜多尔共和国的一个省，但距离厄瓜多尔本土有 1 000 千米。加拉帕戈斯群岛由 7

陆地龟

个大岛和 100 多个小岛组成，面积达 7 500 平方千米。虽然位于赤道，但这里气候凉爽干燥，雨水留下充沛的淡水资源，群岛属于火山岛，石头中有肥沃的土地，所以草木繁茂。群岛被太平洋海水隔绝成了一个特有的生态环境。几千年没有受到外界的干扰，动物植物完全按自然规律生长。据说群岛上生活着 700 多种陆地动物，80 多种鸟类和许多昆虫，海狮、海豹、企鹅等寒带动物也常在这里的海边出现，尤其是象龟和大蜥蜴更是闻名世界。人们把加拉帕戈斯群岛称为“世界最大的自然博物馆”。岛的名字“加拉帕戈斯”就是以象龟的名字 Galapagos 命名的。

1835 年 9 月 15 日起的一个多月里，达尔文随贝格尔号来到加拉帕戈斯群岛，达尔文和他的伙伴拜诺先生，以及部分随从甚至带着帐篷和食物在各个海岛上观察生物和采集标本。考察了其中四个较大的岛：查塔姆岛（圣克里斯托瓦尔岛）、查尔斯岛（圣玛丽亚岛）、阿尔贝马尔岛（伊萨贝拉岛）和詹姆斯岛（圣萨尔瓦多岛）。达尔文还在詹姆斯岛住了一个星期，考察得最为仔细。达尔文描写岛上的象龟：“这里的龟是加拉帕戈斯群岛的原有动物，数量非常多。它们喜欢在潮湿的高地生活，但是偶尔也栖息在干燥的低地。部分龟的块头很大，要把它抬起来至少需要七八个人。”达尔文也对遍地都是的蜥蜴非常感兴趣。他针对詹姆斯岛写道：“生活在加拉帕戈斯群岛的所有蜥蜴种类里，只有钝嘴鬣蜥（*Amblyrhynchus cristalus*）是这个岛特有的。冠状钝嘴鬣蜥是它们中最有特点的。”他解剖了岛上的蜥蜴，以弄清它们以什么为食。

达尔文在《航海日记》中写道：“这个群岛的大多数生物都是当地特有的创造物，在任何其他地区都没有遇见过，甚至这个群岛的各个不同岛屿上的生物也各有差异。虽然这些岛屿与南美洲大陆之间隔了 500~600 英里的距离，但上面的全部生物和大陆上的生物有明显的亲缘关系。”达尔文回到英国之后总结他航行考察的收获时，思索这样一个问题：上帝为什么在这个群岛上要创造出这么多形态、习性各异的龟？又为什么每个小岛的龟又有其独特的类型？该群岛的其他物种也有类似的情形。这曾使达尔文非常费解。地理屏障对物种变化的重要性浮现在达尔文的脑际中。如果假定相互隔离的诸个体群会适应各自的环境，而导致辐射式分歧进化，那就相当合理了。鬣蜥也是加拉帕戈斯群岛的固有物种。海生鬣蜥如钝嘴鬣蜥以海藻为食，而另一属鬣蜥则以仙人掌为主食。达尔文认为它们的共同祖先是生活在南美洲的鬣蜥，过渡到岛上之后向陆生、海栖两个方向进化。

在不同的小岛中穿行时，达尔文对物种的差异感到惊奇。他写道："我怎么也想不到，距离只有五六十英里、可以很清楚看见彼此的两个海岛，它们的岩石结构截然不同，气候却十分相像，在差不多相同的高度条件下，竟然有不同种类的生物生存…… 我必须感谢命运，因为我收集到了十分丰富的资料，完全能够证实生物分布的奇怪现象。"

达尔文对加拉帕戈斯群岛多达 13 个品系的雀科鸣鸟很感兴趣。这些鸟许多都是偶然从南美洲飞抵这里的古老品系，甚至是南美洲已经绝迹的鸟类的后代。这些鸟在加拉帕戈斯群岛上找到了适于栖息的生态环境，并在体形大小、鸟喙形状、羽毛颜色、鸣声、食物和行为等方面发生了进化，以适应岛上的环境。达尔文特别注意不同品系鸟的鸟喙，有些鸟具有典型的食籽喙，另一些以仙人掌植物为食的鸟则长有一种长而尖的喙，以昆虫为主食的鸟拥有一个小乳头状的鸟喙，而啄木鸟长有一种独特的喙。

达尔文写道："这个岛上的物种大都是非常稀有的，在其他地方我根本没有见过。这个群岛自身便是一个很小的世界，而且群岛的各个小岛上的物种也不尽相同。但是，所有生存在加拉帕戈斯群岛的物种跟南美洲的物种有很明显的亲缘关系，所以，也可认为加拉帕戈斯群岛就是南美洲的一颗卫星。"

无疑，加拉帕戈斯群岛的考察启发了达尔文"物竞天择、适者生存"的重要理论形成。达尔文的著作也使加拉帕戈斯群岛成为生物学专家和爱好者必去的"圣地"。1935 年，厄瓜多尔政府在加拉帕戈斯群岛上设立了达尔文半身铜像纪念碑，纪念达尔文考察这一群岛一百周年，碑文写着："查尔斯·达尔文于 1835 年在加拉帕戈斯群岛登陆。他在研究当地动植物分布时，初次考虑到生物进化问题，从此开始了这个悬而未决的论题的思想革命。"

11 塔希提还是大溪地

1835 年 11 月 15 日，贝格尔号顺利到达塔希提岛的马塔威港，安全地停泊在那里。

我最喜爱的就是塔希提岛上的土著居民。他们非常面善，身材高大，肩膀硕大，强健有力，身体各个部分长得都很匀称。大多数的土著居民都在身上刺上花纹。这些花纹跟身体的曲线结合，显得更加优美。妇女们也同男人那样，刺绘着相同的花纹，通常她们的手指上也会刺有花纹。

从我所在的地方望去，能够看到岛的外围有一条轮廓清晰狭长的白色细带，这就是波浪在遇到珊瑚礁外侧时的界限。这条白色丝带外面的海水，呈现的是暗黑色。这样动人的风景，就像装裱在画框里的一幅浮雕画。画框就是那拍岸的海浪，空白的纸面就是平滑的礁湖，而那美丽的图画就是岛的本身。

——达尔文《航海日记》

在茫茫的南太平洋上，有两个最吸引游客的孤立海岛，一个是神秘的复活节岛，现在隶属智利，另一个就是法属波利尼西亚的首府帕皮提所在的塔希提岛。两个岛的登临都不易，从智利首都圣地亚哥飞行到复活节岛近 5 小时，航程 3 700 千米。再往西 4 000 千米到塔希提，需要再飞 5.5 小时。你还必须同时获得智利和法国海外领地的签证。

美丽的塔希提

塔希提应当感谢高更，因为是高更的画才使这个小岛闻名遐迩。

1986 年，作为医学研究生的我受邀翻译一篇将要刊登在美国医学会杂志 *JAMA* 中文版封面上的画作的介绍长文，这是一幅高更的名作《阿勒斯附近的风景》，翻译文章时，我并未看到高更的画作，于是花了不少功夫看了不少相关图书，从此对高更、梵高、印象派等产生了浓厚的兴趣，曾经专门到法国南部小镇阿勒斯（Arles，现在译为阿尔）旅行，现在到了塔希提，更勾起关于高更的记忆。

人们总爱把高更和梵高相提并论，这当然是有道理的。他们同为后印象派的代表人物，年长 5 岁的高更 1887 年认识了梵高。次年，梵高发现法国南部阿尔是一个激发创作灵感的地方，于是邀请高更在一起创作。从 1888 年 12 月起，他们在阿尔度过了惊心动魄的 62 天。其实，梵高和高更不仅艺术观点不一致，性格、经历也差异很大。梵高相貌丑陋、性格乖僻躁狂，而且一直默默无名。而高更当时虽已小有名气，但他疾病缠身、身无分文，是梵高寄路费给他，让他来到阿尔的。但梵高虚荣、傲慢，处处盛气凌人。在阿尔开始的日子里，两人有过一段顺利的合作，他们相互迎合、迁就，甚至交换了自画像。梵高出于对“南方画室”的盼望，甚至将高更视为老师，希望至少协作一年以上。

这期间两人合作完成的《阿尔的舞厅》被视为两位巨匠画风融合的协作经典。但好景不长，仅仅一个月，梵高与高更开始争吵、摩擦，开始，面对怒气冲冲、异常粗暴的梵高，高更常常委曲求全，而梵高也不希望高更离开。

梵高与高更的《阿尔的舞厅》

高更的《画向日葵的梵高》

但矛盾与日激增，两人从论争发展到打斗。以后发生的梵高割下自己的耳朵送给妓女拉谢尔的事件，更是与高更密不可分，甚至还有一种版本说就是高更割下了梵高的耳朵。

逃离阿尔后，1891 年 2 月 23 日，高更拍卖了 30 幅作品得到一笔 1 200 美元的收入。4 月 4 日，他来到塔希提，在画了数百幅塔希提题材的画作后，高更于 1893 年 11 月返回法国巴黎举办《塔希提人》画展，结果彻底失败，没有收入，并遭到“野蛮”的嘲弄。高更意识到他已经被巴黎文明遗弃，1895 年重返塔希提直到 1901 年死于岛上，他的墓至今还在那里。

高更最著名的塔希提画作是画于 1899 年的《塔希提少女》(现藏美国纽约大都会艺术博物馆)，画风稚拙，带有原始味道的异国情调。晚年的杰作《我们从哪里来？我们是谁？我们往哪里去？》更是闻名遐迩，塔希提已与高更密不可分，很难说是塔希提成就了高更，还是高更成就了塔希提，尽管高更也因不断更换十几岁的塔希提少女为妻而受人诟病。

带着对印象派艺术朝圣的感觉，以及想亲眼看看达尔文和高更来过的地方的心情，我来到塔希提。一到机场，即有一个美丽女孩在两位乐手伴奏下舞蹈迎接。

次日上午 8 点，地陪来接，做塔希提一日游。先到东海岸看了一些海滨，中心有一个灯塔，也算是帕皮提的标志建筑。帕皮提是波利尼西亚的首府。参观了总督办公地点、教堂、中心市场等处。在市场里，一位美丽的卖鱼女子在俏皮照相。塔希提女孩还是很漂亮的。

到达山顶瀑布，这是塔希提三个瀑布之一，落差几十米，但气势不足。

高更的《我们从哪里来，我们是谁，我们要到哪里去？》

高更的《塔希提少女》

到黑沙滩，也有一个叫风洞的景点，只有海水冲击的声音，与萨摩亚的风洞不可同日而语。下午到西海岸，这里有集满水的山洞，以及白沙滩。最主要是一个神庙遗址，有石刻 KITI 雕像。在高山上可俯瞰塔希提全城，这应当就是当年达尔文到过的地方。

这里的人很像亚洲人，他们自己也说有亚洲血统，还有人告诉我，他们认为自己祖先是从台湾岛来的。

次日，我们乘渡轮从帕皮提约 30 分钟到茉莉雅岛。水很清澈，平坦渐深的沙滩延伸到几十米远。房间均为外观是原始茅草小屋而内部装修豪华的独立别墅，空调、电扇一应俱全。

晚餐后有当地的小型演出。民族歌舞表演得很有特色。刚好是塔希提的

今日的塔希提少女

新年，我们度过了一个欢乐的夜晚。

对高更的朝圣则有点失望，除了仍然看到塔希提女孩的美丽外，高更的影响已经很淡。虽然保留高更原始作品、图片、复制品等的高更博物馆仍然存在于东海，但导游招揽游客去的地方是黑珍珠博物馆而不是高更博物馆。这令人想到塔希提如今依照海外华人的译名称作“大溪地”，它尽管依然美丽，但只是一般的度假海岛城市而已，已经没有了高更画作中的原始韵味。它与复活节岛相比简直是两个世界。

旅途思考：人类的由来

达尔文的一生有两本影响最大的著作，一本是 1849 年出版的《物种起源》，另一本是《人类的由来》，亦名《人类的由来和性选择》，这本书出版于 1871 年。两本书的出版时间相差 12 年。《物种起源》1849 年出版后立即引起了巨大的波澜，它得到著名学者赫胥黎、虎克等的支持，也受到著名学者塞奇威克、欧文的质疑。牛津大主教威尔伯福斯取笑赫胥黎的祖父来自猴子的揶揄更是传播遐迩。但实际上，达尔文在《物种起源》写作中深知关于人类起源问题的复杂性和敏感性，他以很谨慎的态度积累资料，直到《物种起源》第一版问世后 12 年，达尔文关于人类起源的专著《人类的由来》才完成。

《人类的由来》报告了人类自较低的生命形式进化而来的证据，并认为人与动物具有心理上的连续性，阐述了人类是从猿类进化而来的论据，提出“人猿同祖”这一颠覆当时人们认知的理论。达尔文提出，人类只是动物的一种，而不是当时大多数人所认为的按上帝的样子创造的高级生物。这是达尔文将进化论用于人类学的研究，试图解开了人类起源之秘的经典著作。

在这本书里，达尔文同时详细地论述了性选择的问题。达尔文认为，有的个体继承了使它们能够主宰其生活环境的特性，正是它们主宰着物种的变异。他说，在为了生存而进行的斗争中，最适应的个体才能生存下来，其对手则被淘汰，因为它们能更好地适应环境。在性选择理论中，雄性和雌性的繁殖社会行为不一样。雄性用廉价的精子使尽可能多的雌性受精，而雌性只有有限的大个的卵子，所以需要选择遗传质量最高的雄性来赋予后代优秀的能力。如果一部分个体进化出了性选择策略：雌雄个体通过特征相互吸引，在随机交配的行为中，个体优先和采取性选择策略的异性交配，这种“盲目”的偏好策略可以获得额外的交配机会，这部分个体能够更稳定地繁衍；同时，采取随机交配策略的个体交配机会便下降，在一代代更替后，性选择策略便能扩散至整个群体，不具备特征的个体便会失去交配机会。有着繁殖优势的性选择特征的个体能够延续下来，必然也需要具有生存的优质基因，如朱雀羽毛颜色的浓度反映了养育能力，昆虫的鸣曲显示身体质量。其他的例子还有雄鹿的角、孔雀的羽毛等。

《人类的由来》全书分为三篇。第一篇主要介绍人类在生理构造上与其他哺乳动物的相同或相近。将人类的骨骼系统、肌肉、神经、血管、心理与动物进行比较，说明人和其他动物来自同一个共同祖系。第二篇主要阐述性选择的若干原理，所有分为雌雄两性的动物除生殖动作外，还有第二性征的差别。第三篇由动物回到人类，说明性选择和人类的关系，探讨人类第二性征对于人类进化的作用。最后得出结论：人类是由某种低级类动物发展而来的。

《人类的由来》引起了又一波的争议。但达尔文的“人猿同祖”和性选择理论经过了时间的考验，成为达尔文学说的重要组成部分。

12 新西兰：南岛的星星和北岛的毛利人

到新西兰的游人常常纠结于是到南岛还是北岛。其实，这两个地方都值得去。

广袤的牧场支撑了新西兰的畜牧业

从北京或广州都可以搭乘国航或南航的飞机到新西兰北岛的奥克兰，航程大约 12 小时。从北京到南岛的基督城（克赖斯特彻奇），大约 15 小时。

南岛以自然景色著称。基督城是 Christchurch 的意译，音译名是克赖斯特彻奇，它是南岛最大的城市，位于南岛东岸。这个城市是英国人按照自己理想家园建造的“花园之城”，有浓厚的英国艺术文化氛围和优雅的英国生活方式，十九世纪哥特式风格的建筑，英国人喜欢的玫瑰，会使置身此地的你产生就在英国的感觉。

游客更钟爱的是位于瓦卡蒂普湖北岸的皇后镇（Queenstown）。如果把基督城称为绅士城，皇后镇就是探险城。皇后镇周围是新西兰地势最险峻美丽的地区，是新西兰最著名的户外活动天堂。在皇后镇，除了体验蒸汽船游览瓦卡蒂普湖外，周围可以滑雪、蹦极，还可以去进行达特河谷独木舟漂流，或参加喷射快艇、跳伞等极限项目。

如果有两天以上的时间，还可以自驾或乘公共交通到以新西兰总理名字命名的福克斯冰川（Fox Glacier），附近是新西兰风景最美的冰湖之一——马

静谧的南岛冰湖

南岛基督城

修森湖。天气晴朗时可以在湖里看到库克山的倒影。

有浪漫情怀的游客，还可以在皇后镇中心搭乘空中缆车，到被誉为“世界最佳景致就餐地点之一”的天空餐厅。如果下午去，你可以俯瞰皇后镇古旧的城区，看夕阳下的瓦卡蒂普湖和远处的雪山。天黑后，这里是观看星星的圣地，这里不仅因为有纯净透明的天空，从天文学的角度说，新西兰位于南半球的中高纬度地区，看到的星空比北半球同纬度的更加丰富。所以，新西兰建立了一个占地 4 300 平方千米的奥拉基麦肯奇国际黑暗天空保护区，涵盖了皇后镇附近的蒂卡普湖畔和库克山，这里是国际公认的地球上环境最佳的观星地点之一。

在皇后镇看到的星星如萤火虫密集，大小不一，似乎在气流中飘动。最关键的是，它们仿佛伸手就可摘下。喜欢摄影的人，不妨架上三脚架用B门延长曝光时间，拍摄星空。如果想拍摄星星的轨迹，三脚架上的相机必须曝光几个小时，甚至彻夜。一位朋友告诉我，她留下了皇后镇观星独一无二的回忆：在一张黑纸上用针密密麻麻地扎下许多针眼，然后对着灯光看，这就是新西兰的夜空，其中大一点的两个针眼就是南十字星座旁边两颗最亮的半人马座中的alpha星和beta星。

新西兰首都是惠灵顿，但最大的城市是位于北岛的奥克兰。

1835年12月19日到30日，达尔文乘坐的贝格尔号停泊在距奥克兰不到200千米的群岛湾，达尔文访问了附近的村庄。群岛湾探入波利尼西亚温暖的海域，是新西兰原住民毛利人的家乡。

2013年起，国际著名杂志《柳叶刀》（*The Lancent*）组织一项国际合作研究，几十个国家的科学家对每个国家列出一个代表性的原住民（少数民族），提供民族背景、人口、文化及历史，重点是出生时的平均预期寿命、孕产妇死亡率、婴儿死亡率、低出生体重、儿童肥胖和低身高（发育迟缓）、教育程度普查数据、相对贫困等数据进行综合比较。中国科技部推荐我作为中国科学家代表参与研究。经过几次会议，并与同行商量，我们决定选择云南的傣族作为代表，主要考虑的因素是：傣族是中国主要少数民族之一，人口100多万；傣族有悠久的历史和独特的文化；傣族有比较集中的聚集区，健康卫生状况有其代表性；在经济和教育方面，傣族处于中等水平。

在包括联合国教科文组织、澳大利亚、美国、加拿大、新西兰、瑞典、挪威、丹麦、俄罗斯、中国、印度、泰国、巴基斯坦、巴西、哥伦比亚、智利、肯尼亚、秘鲁、委内瑞拉、喀麦隆、缅甸、尼日利亚等国际组织和国家参与的合作研究中，新西兰科学家推举的就是毛利人。这一国际合作研究历时三年多，包括我在内的由几十个不同国家的科学家署名的长达27页的论文已于2016年4月发表于《柳叶刀》。

我曾经两次到过新西兰，但我对毛利人有更深入的了解还是得益于与新西兰的同行新西兰奥塔哥大学罗伯逊（B. Robson）等教授的交流。

毛利人的起源至今没有定论。相传其祖先系10世纪后来自波利尼西亚中部群岛，并与当地土著美拉尼西亚人通婚融合，因此在体质特征上与其他波利尼西亚人略有不同。还有传说部分毛利人是从台湾岛迁来的。毛利人有自己

的宗教，信仰多神，有祭司和巫师，有很多禁忌。毛利人首先居住在新西兰北岛，一位毛利女子在南岛的西海岸发现一种他们称作普纳姆（Pounamu）的绿玉，从此南岛成为他们的居住地。普纳姆呈墨绿色，质地不硬，但很温润细腻。这种玉成为毛利人的圣物，常雕刻成护身符佩戴，也是现在的最佳纪念品。

1642 年，荷兰航海家塔斯曼（A. Tasman）在远洋冒险中发现新西兰的西海岸区，企图登陆时遭到毛利人的攻击而退却。他绘制了部分西海岸地图，并将这块土地以荷兰的一个小地区名字命名为 Nieuw Zealand，这就是新西兰国名的来由。1769 年至 1777 年，英国库克（J. Cook）船长先后 5 次到新西兰。以后传教士、捕鲸者和商人随之而来，英国向新西兰大批移民并宣布占领。

根据罗伯逊教授的资料，十九世纪英国殖民以前，毛利人至少已在新西兰生活了 1 000 多年。殖民造成的环境恶化、战争以及毛利人对新传入疾病的无抵抗力，使毛利人人口下降，整个民族岌岌可危。

1840 年 2 月 6 日，英国迫使毛利人族长签订《怀唐伊条约》，这被认为是新西兰的建国文件，该条约使新西兰成为英王室属下的一个殖民地，承认早期开拓者有权在新西兰定居，并允诺毛利人按其意愿继续拥有他们的土地、森林和渔业，毛利人有权建立政府或国王制度，对土地及生活方式做出自己的决定。同时承诺使全体人民过上和平法制的生活，该条约亦确立了新西兰人享有英国公民的权利。因此，对《怀唐伊条约》一直存有争议。此条约签署后，更多英国人来到新西兰定居，他们多数人去更适合耕种的南岛，他们在奥塔哥和西海岸地区还发现了金矿。

1856 年，新西兰成为英国的自治殖民地，1907 年成为自治区，到 1947 年完全独立。

《怀唐伊条约》签订的地点就在当年贝格尔号停泊的群岛湾的怀唐伊（Waitangi），时间距贝格尔号到达的 1835 年后的第 5 年。达尔文对新西兰的土著居民有一段生动的描写：

因为新西兰和塔希提岛两地的居民都属于同一个人种，所以我们不自觉地开始把他们对比了一番。事实上，新西兰的土著居民最大的特点就是身材高大，体格更健壮一些，其余方面都远远不如塔希提岛人。尤其是在文明程度上，塔希提岛人很明显要进步得多。新西兰人习惯把自己的相貌用奇特的刺绘方式变得十分丑陋。他们脸上都刺绘着让人眼花缭乱的复杂而对称的图形。并且，刺绘已经在他们脸上留下了刀痕，进而损坏了肌肉的活动能力，所以他们的表情总是那么生硬呆板。

达尔文描写的纹面习俗，至今仍然存在。

根据罗伯逊教授等在这次国际合作中提供的资料，今天的毛利人生活状况已得到极大改善，文化也得到保护。2013 年的统计数据显示，毛利人人口为 66.9 万人，占新西兰人口总数的 15.8%，平均年龄为 23.9 岁（整个新西兰的平均年龄是 38.0 岁）。毛利人群体的受教育程度也得到了很大改善，毛利人群体中 15 岁以上的人有 10% 受过大学以上的高等教育。但在健康方面与非毛利群体仍有差距，对比统计，新西兰非毛利人出生预期寿命男性为 80.2 岁，

毛利人传统纹面（博物馆图片）

毛利人庆祝节日

女性为 83.7 岁；而毛利人出生预期寿命男性为 72.8 岁，女性为 76.5 岁。

如今群岛湾已成为旅游胜地，游客在此游泳、钓鱼、潜水、探险，观看环状岩洞。在怀唐伊和罗托鲁阿祐毛利人文化中心，可以看到毛利人的文化表演，独特的伸舌头恐吓，如果你愿意，还可以与他们进行连续多次的碰鼻礼。

传说中新西兰的毛利人是世界著名的吃人族。文献记载，1772 年 6 月 12 日，法国航海家马希翁·迪弗亥斯纳（Marion Dufresne）在抵达新西兰后，被毛利人刺死并吃掉。但毛利人迄今已有 200 多年不再吃人了，这是真的吗？作为一个敏感的问题，我惴惴不安地问新西兰同事，他回答：别担心，我们从来没见过吃人的毛利人。

旅途思考：
人类还在进化吗？

阅读达尔文《物种起源》的人常会产生这样一个问题：既然人类是不断进化产生的，那今天的人类还在进化吗？

科学家研究认为，在人类从猿到人的进化过程中，体质特征发生了很大的变化。从目前发现的最早的人类——托麦人开始，经过千僖人、地猿、南方古猿、能人、直立人、早期智人到晚期智人，总的进化趋势是脑量增大，身高增加，下颌骨缩小，面部趋向扁平，上肢相对于身体的比例下降，骨骼的粗壮度减弱。从脑的容量看，距今 440 万 ~150 万年的南方古猿，其颅容量（相对的脑容量）为 400~530 毫升左右。距今 250 万 ~160 万年的能人，颅容量为 510~752 毫升。距今约 10 万 ~3 万年的晚期智人，颅容量为 1 300~1 750 毫升。然而近万年来，人类的颅容量并不再增加，有些研究还发现有缩小的趋向。例如非洲成年男性的颅容量在过去 6 000 年中平均缩小了 95~165 毫升，女性缩小了 74~106 毫升。

那么，身高增加的趋势如何呢？普遍认为现代人的身高仍在增加，但同时受到饮食环境和遗传等因素影响。统计发现，今天荷兰人的身高排在世界首位。市场研究机构 GFK 近年公布的调查显示，荷兰人男性平均身高 1.825 米，女性 1.71 米。GFK 发言人科恩·斯诺恩说："荷兰人还在长高。"他们已经比英国和美国的人均身高高出 10 厘米，比 40 年前他们自己的人均身高高出 15 厘米。

科学研究表明，身高的遗传性十分明显，人的身高至少受 180 种基因控制，加在一起能够解释一个种群 80% 的变异。人类身高改变说明，进化仍可能在缓慢地发生，分析原因时，应当综合考虑基因的遗传因素和环境因素。

人们一直把荷兰人身高的增加归结于遗传基因外加营养和生长环境好，荷兰是世界上最大的奶酪生产和消费国，饲养着150万头奶牛，人们的生活离不开奶制品。除了各类牛奶、酸奶外，品种繁多的奶酪闻名世界。此外，鱼类蛋白质食品丰富。荷兰人享有良好的医疗保健系统，居住环境健康。但近年有学者认为还存在其他因素。有科学家研究统计了荷兰北部地区94 500名居民详尽的健康资料，跨度为1935年至1967年。数据分析表明，生育最多的男子身高超过平均身高7厘米，生育最少的男子身高低于平均身高14厘米。一种解释是荷兰女子更愿意嫁给个子更高的男子。显然，这些都是达尔文进化论精髓——自然选择和性选择的一种体现。

13 澳大利亚：大洋路、袋鼠、考拉和鸭嘴兽

澳大利亚是旅游天堂，你可以数出闻名遐迩的悉尼歌剧院，布里斯班附近的黄金海岸和大堡礁,以及世界最大的单一石块奇观——艾尔斯巨石。然而，去过大洋路旅游的人，会对这段经历终生难忘。

纪念当年退伍士兵修筑大洋路的雕塑

大洋路（The Great Ocean Road），是澳大利亚维多利亚州的一条公路，全长 276 千米，如果从墨尔本驱车出发，路左边是碧蓝的海洋，右边是橙黄色的悬崖，有点“一半是海水，一半是火焰”的味道。

著名的十二门徒礁石

这条路是一条具有历史内涵的路。1918 年第一次世界大战结束时，参加大战的约 5 万名澳大利亚士兵从英国归来。当时正处于澳大利亚经济萧条期，到处失业，政府无法安排归国士兵就业。有位议员提出了让这批士兵到海边修路的绝妙主意，于是沿着海岸开始修筑公路。以后延续多年，艰苦卓绝，直到 1932 年 11 月，吉朗到坎贝尔港长达 180 千米的海滨公路才正式建成通车。为这条公路建立的纪念碑和士兵雕像现在就耸立在大洋路的开端。

然而，世界各地的游客在这里大多不是为了凭吊历史，而是为了沿着大洋路到没有边界的坎贝尔港国家公园，去看著名的十二门徒礁石。有人说大洋路是澳大利亚最美的公路，甚至是世界上最美的公路之一。

去大洋路总是从墨尔本出发，起点是托基，终点是亚伦斯福特。最方便的交通办法是自驾车，中国的驾照不能直接租车，但经过一个公司翻译文件就可以了，花费也不多，一般 20~30 澳元，大约 100 多元人民币。

注意澳大利亚处于南半球，与中国季节相反，所以大洋路最适合的时间应当是每年的 10 月到翌年的 5 月，即澳大利亚的冬春到初秋，这样不容易碰上雨天。

大洋路的主要景致分为三部分，依次如下。

第一部分："冲浪海滩"段，从托基到阿波罗贝，约 91 千米，沿海行驶，看海洋沙滩。

第二部分："绿色雨林"段，从阿波罗贝到普林斯顿镇，约 78 千米，此段路程主要在内陆行驶，主要景点是奥特威国家公园，主要观赏雨林、牧场和澳大利亚最大最古老的白色灯塔。

第三部分："沉船海岸"段，从普林斯顿到彼得伯勒，全长约 30 千米，从内陆道路重返海边，进入大洋路的精华景区，最具代表性的景点十二门徒礁石就在这一段。

有充裕时间休闲的游客可以分三天游览，事实上，参加旅行社的安排也是这样，但时间紧的自驾游客，可以放弃第二部分，重点看十二门徒段。可以第一天下午从墨尔本开车，在波洛（Pollo）小镇附近的农庄别墅住一晚。第二天看十二门徒礁石一段的大洋路，当晚返回墨尔本。

十二门徒礁石也有人称十二门徒石柱，这一景点得名是因为有形态各异的十三块大小不一的巨大礁石，矗立在离海岸不远的波涛之中。不是十三块礁石吗？为什么是十二门徒？这是因为不算背叛耶稣的犹大了。其实，没有人能说出哪块礁石是约瑟，哪块是保罗，人们看的是耸立的礁石与蔚蓝海浪映衬的美。

墨尔本是澳大利亚华人最多的城市，所以有规模宏大的唐人街，可以吃到地道的中国菜。在墨尔本，可以在美丽的皇家植物园散步，看库克船长的

库克船长的小屋

故居和著名的圣派垂克大教堂。

墨尔本吸引游人的一个特色景点是菲利普岛，亦称企鹅岛。我们早早来到这里，安静地等待。天渐渐黑了，蓝色毛皮、白色肚皮的小精灵企鹅（企鹅中最小的一种，身长仅 30 厘米）逐渐从海上归来，它们游到岸边，跳跃上岸，潇洒地抖去水花，摇摇摆摆地快速穿过沙滩，回到岸上的巢中。观看企鹅归巢的人们成千，都坐在沙滩上特定区域，摄影和摄像，但是闪光灯是禁止使用的。小精灵企鹅步履蹒跚摇摆，憨态可掬，比起帝王企鹅或绅士企鹅，它们不仅体型小，而且更苗条瘦弱。

在澳大利亚旅游，看动物是重要的内容。澳大利亚是世界上在国徽上有最多动物图案的国家。让我们来看看澳大利亚的国徽。

中心图案是一个盾牌，盾面上有六组图案：

红色圣乔治十字形象征新南威尔士州；

王冠下的南十字形星座代表维多利亚州；

蓝色的马耳他十字形代表昆士兰州；

伯劳鸟代表南澳大利亚州；

黑天鹅象征西澳大利亚州；

红色狮子象征塔斯马尼亚州。

盾形上方为一枚七角星，象征组成澳大利亚联邦的六个州和联邦政府。

盾形两旁为红袋鼠和鸸鹋，它们是澳大利亚的特有动物，是国家的标志、民族的象征。

布里斯班和墨尔本的动物园都很有特色，可以看到几乎全部澳大利亚的特有动物。先说袋鼠。袋鼠是袋类动物的典型代表。英文 Kangaroo 来自澳大利亚原住民语言。袋鼠主要分布于澳大利亚大陆和巴布亚新几内亚的部分地区。其中，有些种类，如红袋鼠为澳大利亚独有。

澳大利亚国徽

袋鼠出生时非常小，大约只有 1 粒花生米那么大，而成年袋鼠身高居然可达 2.6 米，体重达到 50 公斤，你想象一下这一比例用于人类是什么概念？袋鼠用下肢跳动奔跑，速度非常快，时速可达 50 千米以上。它们有一条“多功能”尾巴，在休息时是支架，

支撑在地上与双下肢一起构成一个稳定的三角来平衡身体，跑动中尾巴是重要的平衡工具，甚至袋鼠尾巴还是重要的进攻与防卫武器。袋鼠后腿强健而有力，所以它是跳得最高最远的哺乳动物。

所有雌性袋鼠都长有前开的育儿袋，但雄性没有，育儿袋里有四个乳头。“幼崽”或小袋鼠就在育儿袋里被抚养长大，直到它们能在外部世界独立生存。母袋鼠有两个子宫，右边子宫里的小仔刚刚出生，左边子宫里又可以同时怀着另一个胚胎。

动物学家认为，袋类动物是发育不完全的动物，属早产胎儿，所以需要在育儿袋中发育。这是从人类的角度看问题，没准其他动物的宝宝还羡慕小袋鼠呢。

澳大利亚最可爱的动物是考拉（Koala），这个名称也来自澳大利亚土著语，意思是“不喝水”的动物。它的学名其实是树袋熊或无尾熊，但并不属于熊类动物。考拉在全世界仅分布于澳大利亚的东部昆士兰州、新南威尔士和维多利亚地区低海拔、不密集的桉树林中。考拉在澳大利亚的地位相当于中国的国宝熊猫。考拉属夜行动物，白天睡觉，到晚上才出来觅食。它以食桉树叶为生，偶尔也吃些嫩草和树皮。考拉只吃700多种桉树叶中的50多种，并且这些树叶都有毒素，它从桉树叶里摄取脂肪和体内所需水分，所以很少下树找水喝。考拉每天要在树上睡15~19小时，给人的印象是非常懒惰，所以给它照相不容易。

考拉每胎只产一仔，刚生出来的小

澳大利亚特有的鸸鹋

袋鼠

整天昏昏欲睡的考拉

仔身长不足 5 厘米，体重仅 5.5 克，它出生后在妈妈背上的育儿袋中生活到一岁左右。以后数月中骑在妈妈背上继续成长，直到 3~4 岁性成熟才独立，寿命为 20 年左右。

考拉有灰色柔软的绒毛、憨厚天真的眼神，简直像一个毛绒玩具，还有那么呆萌滑稽笨拙的动作。所以有人说它是“世界上最可爱的动物”。很少有游客不购买一个栩栩如生的树袋熊玩具回去。考拉在自然界本来没有竞争对手。但在 21 世纪以来，随昆士兰州的考拉数量下降了 53%，新南威尔士州也减少了三分之一，专家认为全球变暖和人类活动是考拉数量急剧下降的两大杀手。

澳大利亚的有袋类动物其实不仅有袋鼠和考拉，已经灭绝的袋狼也是其中之一。袋狼（*Thylacinus cynocephalus*）身高不到 60 厘米，体长约 120 厘米，体重 30 千克。袋狼是近代体型最大的食肉有袋类动物，与其他有袋动物一样，雌性有育儿袋，不成熟的幼兽可在育儿袋中继续发育。

袋狼体型瘦长，背上像虎一样布满条纹，脸似狐狸，是一种十分凶猛的夜行性动物。它经常特立独行地潜伏在树上，猎物路过时，袋狼会突然跳到猎物背上，它的嘴可以像蛇一样张开呈 180°，一口将猎物的颅骨咬碎。袋狼又名塔斯马尼亚虎，是澳大利亚塔斯马尼亚州的象征，其州徽上的两只动物就是袋狼。

袋狼又叫塔斯马尼亚虎，到底是狼还是虎呢？动物学家研究后认为，从分类上来看，虽然袋狼更接近袋鼠和袋熊，但因它外形像狗和狼，所以将它归入犬类袋鼬科，或将其单列为袋狼科。动物学家说，之所以将它归入犬类，在于它的进化环境和进化形式与澳洲野狗大体相同。看到这里，觉得像读了

已灭绝的袋狼标本

一篇寓言：一只狼身上长出条纹，它以为自己成了虎，结果被赶出狼和虎的两个群体，成了一只狗。

袋狼的历史至少可追溯到公元前1000年。它们曾广泛分布于澳大利亚草原和新几内亚热带雨林等地，因为它们被错误地认为常常袭击羊群，成为牧民最痛恨的敌人，在政府的奖赏制度鼓励下被大肆屠杀，加上狗的引入和人类侵占其栖息地，袋狼近乎绝迹。当政府意识到袋狼有绝种的危险时，已经为时过晚。人们见到的最后一只活袋狼是1933年捕获的，它立即被送往霍巴特动物园饲养，取名本杰明。这只袋狼1936年9月7日死后，科学界认为袋狼已经绝迹。

人们最感兴趣的澳大利亚特有动物应当是鸭嘴兽。鸭嘴兽全身裹着柔软褐色的浓密短毛，嘴巴宽扁，形似鸭嘴，四肢很短，趾间有蹼，酷似鸭足。但鸭嘴兽身体和尾部像海狸，可以在地上行走或掘地，属于哺乳动物。所以这种奇怪的动物一被发现就引起关注。18世纪后期动物学家肖（G.Shaw）第一次收到鸭嘴兽标本时，甚至怀疑它是恶作剧的产物。鸭嘴兽栖息在湖泊河流区域，常把窝建在岸边，洞口开在水下。鸭嘴兽是夜行性动物，白天睡觉，夜晚活动，鸭嘴兽体温很低，而且能够迅速波动。

科学研究后证实，鸭嘴兽是未完全进化的最原始的哺乳动物。这种具有肥硕身体、扁扁嘴巴的动物看上去温和可爱，其实是极少数能用毒液自卫的哺乳动物之一。雄性鸭嘴兽的膝盖背面有一根空心的刺，在用后肢向敌人猛戳时它会放出毒液致对方死亡。对鸭嘴兽的研究提供了生物进化的典型案例。

旅途思考：

进化还是演化

关于达尔文学说的争议，其中重要的一点是“进化论”。《辞海》《新华词典》《现代汉语词典》中对“进化论”的定义大致都是“生物是由低级到高级，由简单到复杂进化的”。但现代科学认为，生物并不总是在“进化”，在某些境况下还有退化的可能，也不总是由简单向复杂进化的。实际上，生物的“低级”和“高级”，“简单”和“复杂”，仅仅是从人类的角度分类，并不代表自然界的客观真理，因此，简单地把达尔文学说归结于“进化”并不恰当。

“进化”是从英文Evolution翻译过来的，庚镇城等学者指出，Evolution一词是英国著名哲学家斯宾塞首先使用的，并用“最适者生存”作为自然选择的同义语。达尔文在《物种选择》第一版到第五版，使用 Transmutation 来表述生物进化，而在第六版中开始使用 Evolution 一词。

近来很多学者认为“进化”不够确切，主张将 Evolution 改译成“演化”。笔者个人观点是，鉴于 Evolution 和“进化”已使用多年，约定俗成，要完全改过来难度很大。比较实际的方法是形成共识，对“进化”做内涵延伸，克服望文生义，改变“进化”即直线式的、单方向性的“由低级到高级，由简单到复杂”的观念，而赋予“进化”双向的演变含义。

14 毛里求斯

在岛上，我搜集到的植物一共有 746 种，其中本地植物只占 52 种，剩余的种类都是外来的，而且大部分都来自英国。所以，这里的植物大都自身带有英国的特性，有很多甚至比在原产地生长得还要好。除了这些，还有一部分植物来自南半球的澳大利亚，它们对这里的生活环境也很适应。

——达尔文《航海日记》

毛里求斯是度假天堂

马克·吐温说：上帝先创造了毛里求斯，再按照毛里求斯的样子建造了伊甸园。这可能是世界上最好的广告词了。所以毛里求斯声名远扬。

毛里求斯对于中国人属于免签国家，排队盖章入境。很现代化的机场是当年胡锦涛主席访问毛里求斯后，中国援建的。

毛里求斯是印度洋西南部的岛国，1598 年，荷兰人来到这里，以荷兰王子 Maurice Van Nassau 的名字命名了毛里求斯。毛里求斯包括本岛（毛里求斯岛）及罗德里格岛、圣布兰群岛、阿加莱加群岛、查戈斯群岛（现由英国管辖）和特罗姆兰岛（现由法国管辖）等属岛。陆地面积 1865 平方千米，相当于新加坡的三倍，人口 120 万，相当于新加坡的 1/3。荷兰人在这个岛上统治了 100 多年。1715 年，法国人占领了毛里求斯岛，改称它为“法兰西岛”。100 多年以后，英国打败法国之后，又将岛名改回“毛里求斯”，1814 年正式将岛划归为英国殖民地。1961 年 7 月，英国同意毛里求斯自治。直到 1968 年 3 月 12 日，毛里求斯才正式宣告独立。

毛里求斯独特的自然环境加上马克·吐温的广告，使这里成为世界著名的度假胜地，与塞舌尔、马尔代夫并称印度洋上的三颗珍珠。由于长期的殖

远处的山峰形似王冠

民统治，毛里求斯当地人的法语、英语水平都很高。殖民地情结更吸引了英法等国游客流连忘返。毛里求斯多年无重大自然灾害或政治事件，是一个令人放心度假的去处。

毛里求斯岛是火山岛，整座岛屿四周被珊瑚礁环绕。海岸线长 217 千米。靠近沙滩的区域，海水平静且浅，海水透明，非常适合游泳、浮潜，以及各类趣味性水上项目。到毛里求斯旅游的人多数是直奔预订好的度假酒店，在海边度过悠闲的几天。由于毛里求斯空气温润清新，雨量充沛，往往是阵雨过后立即天晴，此时蓝天、白云、海水分出不同层次的蓝绿色，椰树摇曳，尽显天堂景象。最著名的海滩包括蓝滩和鹿岛等。

我们预定的宾馆靠近东部，游艇距鹿岛只有 20 多分钟的路程。酒店免费送我们往返。下午 1 点，酒店汽艇送我们到鹿岛，这是毛里求斯东端的一个小离岛，过去时有鹿群涉水渡过海湾，鹿岛由此而得名。水面宽阔平静，沙滩洁白但不细腻。岛上遍生椰子树。建筑物均为原始古朴的石房或茅屋。这里有各种海上运动：帆板、快艇、玻璃底船、水上滑翔伞、香蕉船等，有一狭窄水道将鹿岛与其近邻的“东部岛”隔开，游客可游水或趁退潮时步行到那里。

我们抽空进行了毛里求斯一些景点的游览。环岛公路绕着海岸，路面不错，

岛上处处是瀑布森林

但弯曲，仅为对开两车道，司机开车速度极快。使人眩晕，幸亏车不是很多。

旅馆附近是一个印度人村寨，毛里求斯岛上的居民有 40% 来自印度，所以印度商店、印度庙宇处处都是。公路边是成片的甘蔗林。出发不远到达当年法国人登陆处和炮台。

再往前走，到达路易港，路易港是毛里求斯的首都和主要港口，位于毛里求斯岛西北海岸。该港是 1735 年由法国总督布唐奈斯所建，并以法王路易十四命名。参观了市容,看了法国总督雷伯唐纳的雕像和维多利亚女王的雕像，参观自然历史博物馆，里面有完整的渡渡鸟骨架。渡渡鸟体型如鸭而大小如鹅,还原模型和画像都显得非常呆萌。这种鸟在“天堂岛”毛里求斯养尊处优，丧失了飞行能力，所以在荷兰人入侵后成为美食，被全部吃光而灭绝了。现在的渡渡鸟是毛里求斯的象征，毛里求斯是唯一以灭绝物种作为国鸟的国家。自然历史博物馆还有海洋生物、昆虫和哺乳动物标本，包括毛里求斯独有的哺乳动物狐蝠（果蝠）。

到鹿洞火山口，看火山口形成的小湖。在此可眺望附近的城市鸠比市。我们还参观了毛里求斯木制轮船模型工厂，工艺很精致。

午餐后参观圣水湖，这是一个印度教的圣地，我在这里接受了宗教祈福

历史遗迹证明这里曾经是海上要塞

今天的人们只能通过复原标本来认识渡渡鸟

仪式，包括敬献叶子，以铜瓶盛圣水，用蜡烛环绕等。神职人员肃穆地念着祈祷词，最后为我在额头画上红色吉祥标记。

到黑河峡谷，这里有一条很高但细如练的瀑布。峡谷很深，绿树繁茂。属于毛里求斯佐治亚黑河国家公园，占地超过 16 680 亩（1 亩 = 666.7 平方米），是高濒危物种的天堂。毛里求斯 311 种稀有花种和 9 种珍贵鸟类仅在此可见。

再到查玛尔七色土景点，泥土由火山喷发而来，成为一个个波浪形小山丘，经氧化后变色，在阳光下折射出不同颜色，因而得名。距离七色土 1 500 米处有查玛尔瀑布，95 米高，是毛里求斯最大的瀑布。

毛里求斯有两个世界文化遗产，一是路易港，一是莫纳山，都与历史有关。莫纳山有标志性岩石山和长达三千米的洁白沙滩，但入选世界文化遗产是因为一路探入印度洋的莫纳山裂缝石洞在整个 18 世纪和 19 世纪早期一直是逃亡奴隶的避难所。事实上，毛里求斯是重要的非洲奴隶贸易的中转站。1835 年，一支警备队伍进入莫纳山，准备传达奴隶制度已经废除的命令。但藏身于莫纳山中的逃奴误解为警备队是来抓捕他们的，于是纷纷跳下悬崖自杀，写下了“不自由，毋宁死”的悲壮史诗。

这次旅行毛里求斯，其中目的之一是追寻达尔文贝格尔号环球航行的足迹。在达尔文返回英国前，贝格尔号在毛里求斯停留达 10 天。达尔文在日记中写道：

“（1836 年）4 月 29 日清晨，贝格尔舰停泊在毛里求斯岛的北端。以前只是听说这个岛的风景有多么美丽，今天终于亲眼见到了，果然是名副其实……它整体的颜色，被那些大块的甘蔗田地染成了艳丽的绿…… 岛上的中部平原上，耸立了一群群遍布树木的高山。它们的山峰跟我们平时见到的古代山岩一样，都是崎岖不平的尖锐山峰。山峰的周围围绕着一朵朵白云，这样的风

作为特殊世界文化遗产的标志，远处就是当年奴隶跳海的岩石山峰

景似乎想让游客在欣赏的时候更加愉快一些。毛里求斯岛上的平原地带和中央的高山配合得恰到好处，组成了一幅看上去和谐动人的风景。”

经历了长达近五年的海上航行，就要返回故乡，见到自己的亲人了，达尔文心情是愉悦的。达尔文在毛里求斯收集到丰富的植物标本。达尔文登上拇指山，游览黑河，观赏海岸和火山熔岩。他给了毛里求斯很高的评价：“这里如此美丽的风景，简直像画一样，我不禁感叹：我的一生要是能在这样的地方度过，那该有多么快乐啊！”

1836 年 5 月 9 日，贝格尔号离开路易港，启程返回英国。

旅途思考：

达尔文对航行的总结

假如有人问我这次环球旅行的感受，我会告诉他：你要问一问自己，是否对某一方面的知识感兴趣？还要想一想，这次环球旅行是不是能让你的知识有所增长？旅行家可以看到各种不同的人种和风格不同的国家，的确非常

有趣。不过假如仅仅是这样的话，那么这种欢乐，估计难以让你同时受到的苦难得以补偿。

……旅行途中狭窄的、不安静的房间，得不到足够的休息，席不暇暖，没有丰富的物资，没有儿孙绕膝的天伦之乐，乃至没有音乐以及其他的娱乐生活。综上所述，不难看出，海洋生活的乏味、苦闷，除了想不到的灾祸，还有很多。

……一次长途旅行中，在海上的时间要比在陆地上的时间长。所以，渺无边际的大海上没有什么看的。在阿拉伯人看来，海洋是最惹人讨厌的没用的东西，像沙漠一样。

……假如你有去旅行的机会，但又无法像我那样做环球旅行的话，最好要把一切机会利用起来，进行一次陆地旅行。

——达尔文《航海日记》

马达加斯加居民染出的布匹美如彩虹

15 达尔文环球航行错过的一个重要地方：马达加斯加

达尔文的贝格尔号航行返回时在毛里求斯停留了十天，但没有到马达加斯加，对达尔文来说，一定是一个遗憾。他当时是个随行的年轻人，没有资格决定贝格尔号的航行路线，否则他一定不会错过马达加斯加。马达加斯加与毛里求斯近在咫尺，都在印度洋南半球非洲大陆的东南部，中间隔着留尼汪等小岛，航行距离约 1 000 千米。

马达加斯加为世界第四大岛。南回归线穿过该岛南部，全岛大部分地区位于南回归线以北的热带地区。马达加斯加地形独特，各地气候差异较大。中部为海拔 1 000~2 000 米的中央高原地区，错落分布着平原、山丘、群山和盆地；东部属于热带雨林气候，终年湿热，西部为平原和高原地区，地形平缓，属于热带草原气候；南部地区属于平原，半干旱气候。马达加斯加首都塔那那利佛的海拔约 1 200 米，年平均气温 18℃。

我是从广州直接飞到马达加斯加首都塔那那利佛的，让我感叹中国与世界的交往已经变得如此方便。尽管是从亚洲到非洲，但经度相差不大，所以马达加斯加与中国的时差仅仅是一小时。

马达加斯加对持中国护照的游客免签，到达后直接排队等候办理落地签证，不收费，但效率极低，首都塔那那利佛机场设施差，机场从办理落地签证到检查行李，处处要小费。

我们在当地导游拉马罗带领下乘汽车进城，他曾经在中国武汉大学学了 6 年语言，拿到博士学位。出机场的道路如乡村，但行人极多，我们到达时已是黄昏，暮色中商店仍然在卖肉和小商品。这里的中国人不少，所以也有中国餐馆。一般来说，马达加斯加有两个季节：从 11 月到 4 月是湿热的雨季，5 月到 10 月是较为凉爽的旱季。最佳旅游季节是 5 月份到 10 月份。

1506 年，葡萄牙人宣称“发现”了马达加斯加岛，其实它早就存在，而且当时已经是一个管理有序的王国。1896 年，法国人兼并了马达加斯加，将其变为其殖民地。1958 年，马达加斯加终于独立为共和国，独立宣言于 1960 年 6 月 26 日发布。马达加斯加有 1 700 万居民，由 18 个不同族群组成，国民一半人数不足 20 岁，真是一个年轻的国家。这个岛国是和谐共处的典范：科摩罗人，中国人，欧洲人，印度人，巴基斯坦人和睦相处。马达加斯加有自己的土著语言马尔加什语，而法语一直是官方语言，2006 年起英语也成为官方语言。岛上宗教气氛浓厚，居民中约 30% 的人信仰原始宗教，超过 60% 的人信仰基督教，7% 的信仰伊斯兰教。

我到马达加斯加的主要目的是看看国家公园。第二天我们凌晨 5 点出发，乘车出发距离首都 130 千米的国家森林公园——昂达西贝国家自然保护区。

到达塔那那利佛当晚因为在暮色中，看不清城市的情况，清早时看，塔那那利佛完全是在山丘上，有点像玻利维亚的拉巴斯。上下坡路，道路狭窄，但车辆都很守规矩。途中经过市场，经过村庄，很多妇女在石头河床上洗衣服。照了两个小孩照片，无可掩饰的贫穷。

约上午 10 点到达私人保护区蝴蝶谷。名叫蝴蝶谷，虽然这里也能看到酷似风筝图案的珍贵蝴蝶。但更重要的是，森林中居住着跳舞狐猴，传说中的滑稽之极。我们今天很幸运见到 4 只，距离很近，甚至可以喂食和抚摸合影。跳舞狐猴体型约 60 厘米，长尾，加上尾巴体长超过 1.5 米。全身雪白，面颊却是黑色，眼睛圆而炯炯有神，漂亮极了。

美丽如风筝的蝴蝶

这一保护区以饲养众多马达加斯加独特的爬行、两栖和昆虫类动物而出名。我第一次见到如此多种类的形形色色的变色龙，大的体长连尾巴超过 50 厘米，小的如蝉，颜色五彩斑斓。这些变色龙居然不怕人，我们甚至拍到了把它们放在手上和放在帽子上的照片，拍到了它们如闪电般伸出舌头捕食昆虫的照片。变色龙的拟态竟然还包括形体的变化，可以贴在树皮上，仿佛树的疤痕。我们也拍到了红色的树蛙、蛇和鳄鱼。

下午 4 点抵达昂达西贝国家自然保护区，入住保护区内一家特色酒店。每个人独栋，下面是一张大床，阁楼上是 4 张小床，太夸张浪费了！这是马达加斯加最早建立的 5 个自然保护区之一，总占地面积约 1 850 公顷（1 公顷 =1 万平方米），也是被联合国教科文组织认定的生态自然保护区。保护区植被以热带雨林为主，物种丰富，最著名的要数现存最大的狐猴（1999 年统计时总共只有 119 只），基本集中生活在该保护区内。

一条正伸出舌头捕食昆虫的变色龙

酷似树皮的变色龙

美丽的狐猴

马达加斯加极少有毒蛇和猛兽，也罕见鹿或羚羊。但是，马达加斯加拥有世界上一半种类的蜥蜴，即俗称的变色龙，约135种。实际上，马达加斯加最重要的动物是狐猴，这种动物在全世界仅仅存在于马达加斯加这座世界第四大岛上。每年，世界各地的动物学家纷至沓来探索这种岛上“原始的”灵长类动物。据学者说，如同猴子、猩猩与人类的渊源关系，狐猴的行为等多种特征再现了人类遥远的过去。

在非洲马达加斯加生活的狐猴中，尤以大狐猴体形最大，嗓音优美，如歌如泣。无怪乎美国作家奎门（D. Quimen）用“流畅的音符、和谐的旋律，就像声音留下的优美的划痕”来称赞大狐猴的叫声。

然而，马达加斯加狐猴的命运就像岛上的其他千姿百态的珍稀生物一样，濒临灭绝。两千年前，波利尼西亚人到达马达加斯加，从那时到现在，在马达加斯加安家的50种狐猴已经有15种灭绝了。

来之前以为非洲很热，所以带的衣服以夏装为主，到此才觉得凉气逼人。湿度很大，下午5点多就天黑了，早上6点天还没亮。

第三天清早，我们被狐猴的叫声唤醒，虽然看不清树梢上的狐猴，但这一叫声十分独特，优美、高亢、流畅、连绵，仿佛意大利歌剧中的咏叹调，听过一次终身难忘。导游告诉我们，今天早上唤醒我们的就是大狐猴。

在马达加斯加首都塔那那利佛以东140千米处，是昂达西贝国家森林公园。阿纳拉马扎卓是狐猴栖息的一座孤立的小岛，也是狐猴的最后一处避难所。由于面积太小，岛上的狐猴数量并不多。我们在森林中冒雨寻找狐猴，看它们在树梢休憩和在树间跳跃。据说一只体重达7公斤左右的狐猴可跳跃10米远的距离。

在导游引导下，我们很幸运地看到了光面狐猴，英文名字叫Indri，在当地语言中为“在这儿”的意思。据说在18世纪末，西方动物学家刚刚登上马达加斯加岛时，听到狐猴叫声而向土著人打听，土著人指着不远的光面狐猴热情地介绍：“Indri（在这儿），Indri（在这儿）！”这位动物学家就以为这种猴名叫Indri，忠实地记录下来并一直沿用至今。

在国家公园的热带雨林中步行，我刚要去扶一个树干，导游伸手阻止，仔细一看，是一只酷似树皮的变色龙贴在树干上。导游眼睛十分锐利，一会就发现两种狐猴，体型很大，但看到我们后立即在树丛中跳跃和隐藏，摄影不易。

回到酒店午餐。下午1点半出发，乘车，然后乘小香蕉船渡河到狐猴岛，生活在这片保护区内的狐猴共有11种之多，狐猴不怕人，看到有香蕉，会跳到人的肩上头上。远处一种黄色的狐猴最为漂亮。

然后到鳄鱼谷，这是我见过的全世界最漂亮的鳄鱼园，有 29 条鳄鱼。在小的陈列馆看到数米长的鳄鱼皮。据介绍，鳄鱼寿命可达 95 岁，比人还长。还看了一种像狗一样的动物，我刚靠近笼子，它立即扑过来，凶相毕露。这是马达加斯加獴，是这个岛上最大的肉食动物，是非洲大陆獴的近亲，专门捕食狐猴，是狐猴的天敌。

当天是乡村集市，我们逛了乡村市场，拍了不少照片，给小孩分发了糖果。在市场中心，当地人为满足儿童乘坐旋转木马的愿望，设计了人力推动的“旋转座椅”。

次日早餐后，乘汽车从昂达西贝国家森林公园返回塔那那利佛，135 千米，道路很好，但有汽车，车速不快。今天是马达加斯加国庆日，但很安静，一路上，看到休闲的农人，穿着干净的衣服聚集。值得记住的是在一个岩石河床边，妇女在洗染颜色鲜艳的布匹然后在地上晾晒，于是形成彩色斑斓的飘带景观，在蓝天、河水的夹缝中显得非常美丽。

除了野生动物，塔那那利佛也有很多古迹，比如著名古迹女王宫和总理府。女王宫是塔那市内号称最具有观赏价值和人文价值的景观。石头建筑从外面看很有气势，但内部没有任何东西。

总理府坐落在与女王宫仅仅相隔数百米的另一处山岭上，雄浑稳健，气度不凡。现在的总理府已经改建为马达加斯加历史博物馆，保存的史料和文物不多，有照片和实物，主要体现了从古伊美利那王国到殖民时代的历史。有一个王座，游客可以坐上去体会当国王的神气，当然得给一点小费。

塔那那利佛是一座具有亚、非、欧三洲混合风格的城市。它位于中央高原山脊上，海拔 1 470 米。历史上曾名“Analamanga”，意为“蓝色的森林”。

在 19 世纪末，塔那那利佛沦为殖民地首府，马达加斯加独立后成为共和国的首都。如今，它是全国政治、经济、文化和交通中心。市区由两座东西对峙的小山丘组成，城区大致可以分为上城区和下城区两部分。上城区是行政、金融和商业区，代表着新兴的塔那那利佛。宽阔笔直的独立大街人群聚集，有人在路边提供木马模型供人照相，放电子秤挣钱，仍显得落后贫穷。我们也拍摄了市场，看风景优美的城中心阿诺湖，湖两侧耸立着总统府和政府各部门大楼。市内还有马达加斯加大学、塔那那利佛大学、国家图书馆、首都体育场等。

在一家叫“音乐餐厅”的中国餐馆午餐后，我们前往位于塔那那里佛北 2 千米的马达加斯加另一处入选世界历史文化遗产的重要历史古迹——安布希

人力推动的“旋转木马”

曼加皇家蓝山行宫。这是一座树木茂密的山庄，有王宫和皇室陵寝，称为“蓝色山丘”，亦称“圣城”。王宫坐落山头，是安德里亚纳姆波伊尼麦利那国王在 1788—1810 年执政时的住地。但如果不是考虑历史意义，实际上看到的石头山丘上的蓝山行宫简陋之极，范围很小，也没有多少文物留下。不过王宫后的山丘是俯瞰塔那那利佛全景的好地方。

回来的路上遇到一个葬礼。马达加斯加有一种奇怪的习俗“翻尸节”，即把已经下葬 3 年后的遗体取出给他换衣服，亲戚盛装游行。我们在路上看到的据说就是这种游行，真是匪夷所思。

旅途思考：

地理隔绝对新物种形成的影响

由于人类活动等原因，原来仅存于马达加斯加的动物有的已灭绝，包括巨型古原狐猴、象鸟等。最著名是马达加斯加象鸟，这是世界上生存过的最大的鸟类之一，象鸟身高 10~11 英尺（约 3~3.4 米），体重可超过半吨，它的蛋重达三公斤以上。象鸟不会飞，这大概就是它无法逃脱追杀以至被灭绝的

一枚象鸟蛋在拍卖，左下方是一枚鸡蛋

原因。科学家认为象鸟至少在16世纪以前便已灭绝，完整的象鸟蛋的化石已被发现，2013年4月24日，英国伦敦佳士得拍卖行拍卖的一枚象鸟蛋化石最终拍出了10.18万美元的天价。

马达加斯加既有海岛与大陆隔离的条件，又有地形独特、各地气候差异较大的特点，所以马达加斯加是动植物多样性的王国。设想达尔文如果来到这里，应当考察到更丰富的内容，受到更多的启发。这一空白在100多年后，由被称为“现代达尔文”的美国芝加哥菲尔德自然博物馆的生物学家谢尔曼（S. Sherman）填补。谢尔曼自从踏上这个美丽的岛屿就被它深深地吸引，有人形容他“像吝啬鬼发现了金矿，恨不得将马达加斯加整个岛打包带走”。谢尔曼娶了马达加斯加当地女人为妻，在岛上待了20多年，前后进行了185次探险考察，总共发现了500多个新物种，大到400磅的大象鸟，小到只有2盎司的小嘴狐猴。

达尔文考察加拉帕戈斯群岛期间，对物种的差异感到惊奇，意识到地理隔离对新物种产生的关键作用。

现代进化论认为，隔离是新物种形成的必要条件。种群是生物进化的基本单位，生物进化的实质在于种群基因频率的改变。突变和基因重组、自然选择及隔离是物种形成的三个基本环节，通过它们的综合作用，种群产生分化，并最终导致新物种的形成。

同一种生物由于地理上的障碍而分成不同的种群，使种群间不能发生基因交流的现象，叫作地理隔离。地理隔离可导致不同种群之间不能交配的生殖隔离。地理隔离和生态隔离加深了性状分歧，逐渐形成亚种，一旦出现了生殖隔离，亚种就变成了新种，逐渐向不同方向进化，这是形成物种多样性的一个关键因素。

16 回到英国

贝格尔号1831年12月27日从英国的普利茅斯港起航，1836年10月2日返回英国法尔茅斯港，历时4年零10个月。

让我们根据达尔文航海日记总结一下达尔文在近5年的航行中进行科学研究的主要地区和他观察到的主要生物、人种和地质现象。

1. 佛得角群岛（达尔文《航海日记》第一章）

火山景观、鸟类：鱼狗、坚鸟、黑燕鸥；海洋生物：海参、章鱼。

2. 巴西（达尔文《航海日记》第二、三、四章）

森林、刺鲀、叩头虫、蚂蚁、海洋微生物、马、蝙蝠、咖啡、木薯、匍行植物和蕨类植物、棕榈树、蝴蝶、雨蛙、蝉、昆虫、海豚、鹿、水豚、土拨鼠、鹭鸟、模仿鸟、卡拉鹰。

采集工作：包括很多种四足兽、80多种鸟和大量爬行动物，光是蛇类就有8种之多。

3. 南美洲和麦哲伦海峡（达尔文《航海日记》第五、十三章）

盐湖、印第安人、羊驼、刺鼠、犰狳、臭鼬、巴塔哥尼亚人、食用菌、旋木雀、藻类。

4. 巴塔哥尼亚（达尔文《航海日记》第六章）

大懒兽、巨树兽、臀兽、磨齿兽、剑齿兽骨骸、鸵鸟、蜥蜴。

5. 阿根廷和布宜诺斯艾利斯（达尔文《航海日记》第八章）

高乔人、美洲狮、狐狸、巴拉那河、拉普拉塔河、圣克鲁斯河、箭齿兽骨骸，鸟类包括剪嘴鸟、野鸭、鹧鸪。

6. 潘帕斯（达尔文《航海日记》第九章）

美洲虎、蓟类植物、牧羊犬。

7. 巴塔哥利亚（达尔文《航海日记》第十章）

羊驼、马克鲁兽骨骸、康多鹰、野牛、家兔。

8. 福克兰群岛（达尔文《航海日记》第十一章）

狼形狐、鹭鸶、企鹅、大头鸭、珊瑚。

9. 火地岛（达尔文《航海日记》第十二章）

土著人、海豹。

10. 智利（达尔文《航海日记》第十四、十五、十六、十八章）

灌木、花卉、棕榈树、仙人掌、翘尾鸟、家养动物和农作物、火山爆发、腿狐、月桂树、竹藤、红雪松海獭、红蟹、百合科植物、地震、银矿、无花果、葡萄、螺轮蜗牛。

11. 太平洋（达尔文《航海日记》第十六章）

地震和火山爆发、海潮。

12. 安第斯山脉（达尔文《航海日记》第十七章）

高山反应、南美山雀、蝗虫群。

13. 秘鲁（达尔文《航海日记》第十九章）

印第安人、骆马、苔藓植物。

14. 加拉帕戈斯群岛（达尔文《航海日记》第二十章）

仙人掌、龟、加拉帕戈斯鹰、小号鸟、加拉帕戈斯鼠、信天翁、加拉帕戈斯地雀、海龟、蜥蜴、冠状钝嘴鬣蜥。

15. 塔希提岛（达尔文《航海日记》第二十一章）

土著居民、香蕉、瀑布、火山岩、钻木取火、椰子。

16. 新西兰（达尔文《航海日记》第二十二章）

土著人和面部纹身。

17. 澳大利亚（达尔文《航海日记》第二十三章）

鸸鹋、袋鼠、白鹦鹉、鸭嘴兽。

18. 印度洋海域（达尔文《航海日记》第二十四章）

珊瑚环礁、家鼠、昆虫、海龟、耶蟹。

19. 毛里求斯（达尔文《航海日记》第二十五章）

搜集到 746 种植物，其中本地特有的 52 种。

旅途思考：

贝格尔号航行对达尔文学说形成的意义

我们已经知道，达尔文搭乘贝格尔号航行时，他只能算是一个博物学的新手，并无成为伟大学者的自觉。菲茨·罗伊舰长让他搭乘的主要目的是需要一个漫长乏味航行中的谈话同伴。因为船上担任收集博物标本工作的正式博物学者是由随船医生麦科米克兼任的。但因为达尔文是自费旅行，所以贝格尔号每到一个地方，达尔文可以自由登岸从事博物学研究。达尔文出航的初衷是研究地质学、无脊椎动物学和为国内的生物学专家采集标本，但以地质学为主。因此，一路上，达尔文总是将采集到的标本寄回伦敦，给他的恩师汉斯罗，并听取汉斯罗的反馈意见。

但是，正如达尔文自己在自传中写的，“贝格尔号的航行在我一生中是极其重要的一件事，它决定了我的整个事业。”对于达尔文何时顿悟而形成达尔文学说，学者一直众说纷纭。但不争的事实是，达尔文一直仔细地观察生物

达尔文塑像

学与地质学现象，尽可能地收集标本，尤其注意已经灭绝动物的遗骸。在一些考察重点地区，如南美的巴塔哥尼亚高原和火地岛，加拉帕戈斯群岛，达尔文留下许多思索。这使他在回到伦敦后通过标本的分析，包括得到同行和专家的意见后，仔细分析得到结论，才有可能写成《物种起源》这样的巨著，系统地提出达尔文学说。不是每个人经过远程航行都能形成学说的，但没有贝格尔号航行，肯定不会产生达尔文学说。

17 《物种起源》出版和达尔文学说的形成

华莱士

返回英国的头几年，从 1837 年起，达尔文经历了将采集的标本分送给不同学者研究、移居伦敦、结婚生子、跻身一流学者等重大活动。他写了一些著作，包括 1839 年出版的《贝格尔号航海日记》、1839 年至 1843 年出版的达尔文与其他学者一起编写的五卷本《贝格尔号航海动物学》，以及 1842 年出版的《珊瑚岛礁的构造和分布》、1844 年出版的《火山群岛的地质学观察》和 1846 年出版的《南美洲的地质学观察》。请注意，达尔文最初是以地质学会会员的身份跻身一流学者的，1839 年，年仅 30 岁的达尔文被英国皇家学会吸收为会员。

1855 年 5 月，达尔文开始撰写关于物种起源的大作《自然选择》。1857 年初，达尔文写完《自然选择》前 5 章，但 1858 年 6 月发生了一件突发事件。

突发事件是指 1858 年 6 月 18 日，达尔文收到英国科学家华莱士（A. Wallace，1823—1913）寄给达尔文，并请达尔文转给莱伊尔审阅的论文“论变种极大地偏离原始类型的倾向”。华莱士在这篇论文中阐述了与达尔文基本相同的自然选择理论。

达尔文感到震惊、困惑和尴尬。为避免剽窃之嫌，他曾一度想放弃自己多年的研究，让华莱士的论文先发表。幸亏两位杰出的学者莱伊尔与虎克在许久以前就了解达尔文关于生物进化和自然选择的研究已经进行了多年，而且虎克在 1844 年还看过达尔文写作的原稿。莱伊尔与虎克坚决反对达尔文放弃自己的研究成果，在两人的策划安排下，达尔文 1844 年的原稿摘要和达尔文 1857 年 9 月 5 日写给美国植物学家葛雷的信件摘要与华莱士的论文放在一起作为一篇达尔文和华莱士的合著论文“论物种形成变异的趋向，以及变异的永久性和物种受选择的自然意义”，这种异乎寻常的做法消除了优先权问题。合著论文在 1858 年 7 月 1 日伦敦召开的林奈学会上发表，达尔文和华莱士都因故未能出席会议，论文是请人代为宣读的，当时没有引起多大影响。

这件突发事件使达尔文意识到必须尽快发表自己的理论研究成果。他将正在写作的《自然选择》进行增删改写，经过一年多努力，1859 年 11 月《物种起源》第一版终于问世。这一版因为是仓促写成，书中没有刊登引用文献。插图也只用了一个说明分歧原理的模式图。

旅途思考：

达尔文 – 华莱士学说

达尔文和华莱士都是道德高尚的科学家，达尔文坦诚进化论是他和华莱士共同的“孩子”。而华莱士在 1887 年则回忆到：“当我回国之后，我完全没有预料到达尔文已经抢先在我的前面那么远了。现在我可以诚恳地说，正如多年以前我说过的那样，我高兴如此；因为我并不热爱著作、试验和详细叙述，而达尔文在这些方面是杰出的，缺少这些，我写的任何东西都无法取信于世。”《物种起源》一出版，达尔文就寄给华莱士，并写信谦虚地表示自己这本书没有太多的新东西，但仍希望能得到华莱士的评价。华莱士则坚定地认为自己是一个达尔文主义者，他专门写了一本书《达尔文主义》。达尔文的葬礼上，华莱士是扶柩人之一。达尔文与华莱士的绅士风度和高尚品格传为佳话，为进化论的诞生增添了更圣洁的光彩。很多年来，科学界普遍将自然选择学说称为“达尔文 - 华莱士学说”。当年宣读由达尔文和华莱士共同完成论文的伦敦林奈学会设立了达尔文 - 华莱士奖章，1908 年起每隔 50 年颁奖一次，2010 年开始改为每年颁奖一次。目前已经有几十位科学家获得这一殊荣。

“达尔文 – 华莱士奖章”与挑唆达尔文和华莱士矛盾的漫画。（漫画中英文的意思是，华莱士说：你出名了，我呢？）

英国自然历史博物馆

18 谈达尔文学说不能避开孟德尔

2009 年 8 月，我和挚友杨焕明乘火车 1.5 小时从维也纳到捷克的布尔诺，进行我们的遗传学的朝圣之旅。遗传学的鼻祖孟德尔就在这里，靠种植豌豆得出了遗传学的三大基本定律。布尔诺以前属于奥地利，所以孟德尔是奥地利科学家。

在布尔诺下火车后，步行到孟德尔修道院，庭院里有孟德尔的大理石雕像，还有比例为 3 : 1 的白花和红花豌豆花圃，有一个介绍孟德尔的小博物馆。庭园不大，当年孟德尔就在这里年复一年地种植豌豆。

孟德尔（G. Mendel，1822—1884），出生在一个园艺家的家庭，家境贫寒。在家庭影响之下，孟德尔自幼就爱好园艺。1843 年，他中学毕业后考入奥尔谬茨大学哲学院继续学习，但因家境贫寒，被迫中途辍学。1843 年 10 月，因生活所迫，他进入奥地利布隆城的一所修道院当修士。由于他对生物学的浓

作者与杨焕明教授（右）朝圣孟德尔

厚的兴趣，他从1851年到1853年在维也纳大学系统地学习了植物学、动物学、物理学和化学等课程，接受了从事科学研究的良好训练。1854年孟德尔回到家乡，继续在修道院任职，并利用业余时间开始了长达12年的植物杂交实验。作为一位神职人员，孟德尔有很多业余时间，然而，作为一位神职人员，他不能进行动物实验。所以，孟德尔选择了种植豌豆进行实验。

应当说，孟德尔选择了很好的实验对象，因为豌豆是严格的自花传粉，因此在自然状态下获得的后代均为纯种。此外，豌豆不同性状之间差异明显，这些性状能够稳定地遗传给后代。但豌豆也很容易于做人工授粉。所以方便对选择出的性状进行豌豆品种间的杂交，豌豆生长期稳定，实验结果很容易观察和分析。孟德尔选择豌豆茎的高矮、花的颜色红或白、果实的圆皮和皱皮作为观察性状。

孟德尔从豌豆杂交实验结果得出了相对性状中存在着显性和隐性的原理。孟德尔认为决定上述豌豆性状的原因是存在于细胞里的遗传单位，他称之为遗传因子，也就是现在说的基因。孟德尔设想所有有性繁殖的动植物都有体细胞和生殖细胞。在体细胞里，遗传因子是成双存在的；而在生殖细胞里，遗传因子是成单存在的。豌豆传粉过程中，作为生殖细胞的花粉与胚珠结合后，两种成单存在的遗传因子又在体细胞中成双存在。

孟德尔进一步设想，遗传因子有显性和隐性之分，很多情况下，显性因子决定了豌豆的性状。隐性遗传因子在从亲代到后代的传递中可以不表现，但它是稳定的，并没有消失。

例如，如果用D代表红花的遗传因子，它是显性的；用d代表白花的遗传因子，它是隐性的。因此在体细胞中，红花豌豆的纯合子遗传因子是DD，杂合子是Dd，而白花只能是纯合子，遗传因子是dd。而在生殖细胞中，只有一个遗传因子，D或d。这样，豌豆花色的杂交实验，就可以这样解释：

“红花 × 白花”就是“DD（纯合子）或Dd（杂合子）× dd”，

后代可能的遗传因子类型是DD、Dd、dD、dd四种之一。

孟德尔将他长期实验的结果总结成两个重要定律，经过后人的修正总结，可以简单表述为：

1. 性状分离定律

在生物的体细胞中，控制同一性状的遗传因子成对存在，不相融合；在形成配子时，成对的遗传因子发生分离，分离后的遗传因子分别进入不同的配子中，随配子遗传给后代。其要点是：

（1）生物的性状是由遗传因子决定的；

（2）体细胞中遗传因子是成对存在的；

（3）生物体在形成生殖细胞——配子时，成对的遗传因子彼此分离，分别进入不同的配子中；

（4）受精时，雌雄配子的结合是随机的。

2. 自由组合定律

控制不同性状的遗传因子的分离和组合是互不干扰的；在形成配子时，决定同一性状的成对的遗传因子彼此分离，决定不同性状的遗传因子自由组合。

1865 年，孟德尔将他的研究结果在“布隆自然历史学会”上报告，1866 年正式发表于该学会论文集中，但是，他的报告和论文没有引起人们的注意。

直到 35 年后的 1900 年，三位科学家分别重新发现了孟德尔的工作。荷兰的德弗里斯（H. de Vries，1848—1935）、德国的柯林斯（C. Correns，1864—1935）和奥地利的丘谢玛克（E. von Tschermak，1871—1962）各自独立工作，做了许多与孟德尔实验相似的观察，各自发现了孟德尔定律；每人在发表自己的结果之前，都在查阅文献时发现了孟德尔的原文；每人都认真地引证了孟德尔的论文，用自己的实验结果证实了孟德尔的结论。出于科学家的高尚情操，他们提请大家注意孟德尔提出理论的重要意义。并将孟德尔的结果总结出性状分离定律和自由组合定律，把它们称为孟德尔定律。

已经于 1884 去世后的孟德尔获得承认，被尊为遗传学的奠基人、“现代遗传学之父”，人类单基因遗传的所有疾病被称为“孟德尔遗传疾病”。可惜，这一切孟德尔本人并不知道。

旅途思考：

达尔文学说与孟德尔遗传学

达尔文在 1859 年发表《物种起源》，达尔文进化论的核心是自然选择学说，但是他找不到一个合理的遗传机理来解释自然选择，无法说明变异是如何产生的，优势变异又是如何能够保存下去。事实上，对于遗传的机理，当时的科学界一无所知。达尔文为此苦恼终生。他在 1872 年如此写道：“遗传的定律绝大部分依旧未知。没有人能够说明在同一物种的不同个体中的相同特性，或在不同物种中的相同特性，为什么有时候能够遗传，而有时候不能；为什

么孩子能恢复其祖父母甚至更遥远的祖先的某项特征。”关于变异的机制和遗传的机理，达尔文无法给予合理的解释，他承认：“我们对于变异规律深深地无知。我们能提出这部分或那部分为什么发生变异的任何原因的，在一百个例子中还不到一个。”关于遗传，他说：“遗传的法则是不可思议的，这是未来科学的事情。”

孟德尔故居——布尔诺修道院

达尔文不知道的是，这些问题早在 7 年前就被孟德尔通过豌豆杂交试验解决了。显然，达尔文完全不知道孟德尔的研究。这不能不说是一个极大的遗憾。

1866 年，孟德尔在收到“布隆自然历史学会”论文的单行本后，分寄给世界各地著名的生物学家，试图引起科学界的注意。但是没有谁理会一个小地方布隆的一个业余从事研究的修道士寄来的论文。此时，达尔文已经如日中天,《物种起源》德语版在 1860 年出版后不久，孟德尔就已仔细地阅读，并在书上做了批注。因此，孟德尔在给学术权威寄论文时，似乎不应漏掉达尔文。据说孟德尔也的确寄了一份论文给达尔文,但是达尔文从来没有阅读它。有人说是因为达尔文外出，回来后没有人交给他。总之，两位同时代的科学家擦肩而过。

19 威斯敏斯特教堂和达尔文的葬礼

在伦敦旅行，你一定不能错过泰晤士河北岸的威斯敏斯特大教堂，英文 Westminster Abbey，字面上应当译为威斯敏斯特修道院，海外华人常喜欢用音译混合翻译风格的称呼——西敏寺。

威斯敏斯特大教堂始建于公元 960 年，1045 年进行了扩建，1065 年建成，1220 年至 1517 年又进行了重建。在 1540 年英王创建圣公会之前，它一直是天主教本笃会隐修院教堂。1540 年之后，成为圣公会教堂。

威斯敏斯特大教堂吸引人的地方首先是恢弘的建筑风格。外观呈拉丁风格的十字形，全部由淡黄色的细腻大理石建筑。西面的正门是两座方形塔楼，雄伟壮观。进入教堂，拱顶高达 31 米，是英国最高的哥特式拱顶。钟楼高达 68.5 米，整座建筑古典庄严，石雕细致精美。教堂内的彩色玻璃在一天不同时间有不同的梦幻色彩。如果你赶上一场宗教典礼，你会深深融入它庄严肃穆的氛围中。

威斯敏斯特大教堂与英国的历史密不可分，包括现任伊丽莎白女王在内的英国历代君王，除了爱德华五世和爱德华八世外，其他人都是在威斯敏斯特教堂加冕登基的。

更重要的是，威斯敏斯特大教堂是英国名人的纪念碑，除了有历代君王的陵寝外，英国不同领域的伟大人物也安葬在此。因此威斯敏斯特教堂被称为“荣誉的宝塔尖”，死后能在这里占据一席之地，是至高无上的光荣。其中，有英国著名政治家丘吉尔、张伯伦，有著名的诗人和小说家如写《坎特伯雷故事集》的乔叟、写《失乐园》的弥尔顿、著名诗人丁尼生、布朗宁、彭斯等。

许多著名的科学家也安葬在威斯敏斯特大教堂。最著名的是牛顿，他是第一个获得英国国葬待遇的科学家，墓地位于教堂正面大厅的中央，以一尊雕像和一个巨大的地球模型纪念他在科学上的功绩。达尔文的墓就在牛顿墓的旁边，他们共享着科学家因杰出贡献受到人们景仰的荣耀。正如伏尔泰所说：“走进威斯敏斯特教堂，人们瞻仰的不是君王们的陵寝，而是国家为感谢那些为国增光的最伟大人物的纪念碑。这便是英国人民对于才能的尊敬。”

1882 年 4 月 19 日，达尔文在伦敦郊区去世，享年 73 岁。达尔文的妻子爱玛本来打算把他安葬在生活了 40 年的唐恩故居，但他的朋友们认为从国家的角度考虑，他应当享受在威斯敏斯特大教堂安葬的荣誉，这一提议得到威斯敏斯特大教堂主教的支持。

达尔文的葬礼于 1882 年 4 月 26 日举行，为他扶柩的有赫胥黎、虎克、华莱士、英国皇家学会主席拉伯克等著名科学家，英国、法国、德国、俄国、

威斯敏斯特大教堂

达尔文墓

意大利和美国科学学会代表，以及达尔文的亲友也参加了葬礼。由于葬礼过于隆重，达尔文的妻子爱玛没有参加。

旅途思考：

达尔文信基督教吗？

因为达尔文的墓地在威斯敏斯特大教堂，许多年来一直有人说达尔文晚年皈依了基督教，这一说法至今还可在一些传教宣传品中看到。

让我们看看达尔文自己是怎样说的。

达尔文在航海归来后的三年间，即从 1836 年 10 月至 1839 年 1 月期间，对宗教问题做了深入的思考。达尔文不得不否定上帝造物和物种不变的观点，并努力去探求用自然的原因来解释摆在他面前的自然现象。在《达尔文自传》中，他坦陈：当我在贝格尔号舰上的时候我有着完全正统的宗教观点。我把《圣经》当作不能反驳的权威而加以引用……但是到了这个时期，即 1836 年到 1839 年，我逐渐地看到了《旧约》比印度教徒的圣书没有更值得相信的

地方。

可是，我却很不愿意放弃自己的信仰；我确实有这种想法，因为我能够清楚地记得，我时常再三地堕入幻想的梦境，好像是在庞贝或者在其他地点发现了某些著名的古代罗马人士的书简或手稿，它们可以使人非常惊奇地证实了《福音书》中所讲到的一切事件。可是，甚至是在我的想象力所能达到的自由境界中，我仍旧越来越难以想出那种能使自己信服的证据来。因此，不信神就以很缓慢的速度侵入了我的头脑中，而且最后终于完全不信神了。可是，这个过程的速度却很缓慢，使我毫无痛苦的感受，甚至从那时起连一秒钟也没有使我去怀疑自己的结论是否正确。而且实际上，尽管别人认为基督教的教义是真情实事，我恐怕还不能够理解；因为如果它是这样的话，那么《福音书》中简明的经文大概就表明：不信神的人们，其中应当包括我的父亲、哥哥和几乎所有我的亲密好友，都将会受到永世的惩罚了。这真是该死的教义！

但达尔文的妻子爱玛是一个虔诚的基督徒。她多次劝丈夫相信上帝，她说："人们没有信仰就不能活下去。如果没有信仰，生活确实是太难了，而且是不可能的。如果看到唯物主义战胜唯灵主义，我会十分痛苦。"她在给达尔文的信中写道："……我肯定你知道我爱你至深，所以我感到你的痛苦就是我的痛苦，我发现唯一能使我的思想得到宽慰的，就是让上帝的手来解除这种痛苦。"但达尔文以这样的话敷衍道："我肯定不是无神论者，我并不否认上帝的存在。我大概是个不可知论者，仅仅是不能肯定地去理解这个问题罢了。"

作为一位英国上流社会的科学家，达尔文不愿公开他的宗教立场，不愿参与争端。同时，他曾经慷慨地给教会捐款，积极支持基督教会的传道工作，他和贝格尔号舰长菲茨·罗伊一起联名写过《关于塔希提岛和新西兰等岛居民道德状况的意见》，认可基督教对土著人野蛮习俗的感化。

1887 年，达尔文的儿子法朗士·达尔文整理出版了《达尔文自传》。爱玛对书稿中达尔文反感宗教的这段话十分不满，她说："如果把这部分话发表出去，我会很不高兴。我以为，他写得太粗鲁了。"为此，她坚决要求法朗士·达尔文删去"宗教观点"这一节。所以，首版《达尔文自传》是经过删节的。直到 1958 年，达尔文的孙女诺拉才出版了未删节的《达尔文回忆录》。

可是，一直到死，达尔文也没改变自己的立场。在他去世的当天，爱玛对女儿说："父亲恐怕不相信上帝，可是上帝相信他。他将安静地在他所去的地方休息。"

达尔文与妻子爱玛

那么，提出动摇基督教创世学说的人入住威斯敏斯特大教堂有什么不妥吗？对此有过不同的解读。有人说这证明了基督教的宽容。也有人说："真正的基督徒能够像接受天文学和地质学一样，接受进化论的主要科学事实，而不会对更古老和珍贵的信仰产生任何偏见。"

20 结语：达尔文学说的要点

作者与英国邱园现任园长
探讨达尔文学说

让我们来总结一下达尔文学说的要点，并分析一下贝格尔号航行与达尔文学说的关系。

扬弃了不合理和已经被认为错误的部分，如获得性遗传等，目前公认的达尔文进化论主要包括以下部分。

1. 物种起源

物种是可变的，现有的物种是从别的物种变来的，一个物种可以变成新的物种。1859 年《物种起源》的出版标志着进化论的创立，当时就在欧洲乃至整个世界引起巨大轰动，沉重地打击了“神创论”和“物种不变论”的传统观念。达尔文学说建立以后，除了坚持宗教信仰的人，科学界没有人再否认生物进化的事实，进化论也在哲学、社会学、伦理学、经济等领域产生了巨大影响。

2. 共同祖先学说

达尔文提出，所有生物都来自共同的祖先。在当时，他并不清楚有关基因的遗传原理。近百年来的分子生物学研究表明，自然界所有生物都使用同一套遗传密码，遗传学揭示了所有生物在分子水平上的高度一致性，证实了达尔文当时的远见卓识。共同祖先学说也得到了科学界的公认。

3. 自然选择

自然选择法则是达尔文学说的核心。基于生存斗争的理论，生殖过剩与生存条件有限这一矛盾是地球上物种被淘汰的外在原因。具有有利变异的个体得以生存并留下更多后代，而具有不利变异的个体则被淘汰或留下很少后代。这就是自然选择，其主要内容可概括为：物竞天择、优胜劣汰；适者生存、不适者淘汰。

遗传学的发展丰富了达尔文的自然选择学说。现代进化论认为，自然选择使种群的基因频率定向改变，并决定生物进化的方向，而隔离是新物种形成的必要条件。

4. 渐变论

生物进化的步调是渐变式的，是一个在自然选择作用下累积微小的优势变异，并逐渐改进的过程，而不是突变（跃变）或灾变式的，这是一个有较多争论的领域。达尔文也是经过较长时间的思索而在进化论中采用渐变理论的。但达尔文过分强调了生物进化的渐变性，他深信“自然界无跳跃”，对于自然选择学说中，生物进化缺少过渡型化石这一明显软肋，达尔文用“中间类型绝灭”和“化石记录不全”来解释则显得苍白。20 世纪 40 年代后，遗传学和自然选择学说得以紧密结合，渐变论逐渐占领优势。但是近年来一些科

学进展，特别是古生物学领域的化石新发现，仍然表明生物进化过程很可能是渐变和突变两种模式都存在。

达尔文的自然选择学说科学地解释了生物进化的原因，以及生物多样性和适应性，对于人们正确认识生物界具有重大意义。在“神创论”占统治地位的19世纪中叶，达尔文创立的生物学进化理论瞬间改变了人们的科学观念，以致有人将其与普罗米修斯媲美。从此，进化的思想开始取代僵化的、固定不变的自然观。《物种起源》1859年出版至今超过150年，书中的观点大多数为当今的科学界普遍接受。达尔文学说彻底改变了生物科学的面貌，被恩格斯誉为19世纪三大科学成就之一。

在达尔文之前，“神创论”宣扬人是上帝按照自己的样子创造出来的万物之灵，万物中只有人才是被赋予了灵魂，其他生物都是被创造出来为人服务的。古代伟大的哲学家亚里士多德、笛卡尔和康德都坚持人类中心说，认为人与其他动物存在不可逾越的鸿沟。达尔文进化论则指出，人类是生物进化过程中的产物，世间生物都是人类的亲属，人类与其他生物特别是与类人猿并无本质区别。因此，智力、精神等因素也都可在其他动物中找到类似的表现，这是达尔文学说中理解人类与大自然关系的要点，也是教会排斥达尔文学说的重要原因。

在达尔文以前，许多科学家在进化、自然选择等方面也做过思考和论证，但达尔文是第一个系统地论证生物进化的。达尔文学说一旦建立，生物领域的体系很快就被生物学家们普遍接受，它促进了系统分类学、生物地理学、比较解剖学、比较胚胎学、古生物学等领域的研究，是一种划时代的革命。世界上众多的科学家往往只是在某一方面或领域做出贡献，而达尔文的贡献则是凌驾于整个科学体系之上的。

达尔文在对待科学研究的态度上所表现出来的个人魅力也是卓越的。1881年，距离去世前一年，72岁的达尔文回顾自己的人生：“我曾坚定地努力保持我思想的自由，以便一旦事实证明这些假说不符合事实时，就丢掉我无论多么爱好的假设（但我不反对每一个问题设立一种假设），除此之外，我并没有别的办法。”达尔文能够突破神创论而建立进化学说的关键，正是他“保持思想自由”的信念。

达尔文总结自己的治学态度时说：“最重要的是，爱好科学，不厌深思，勤勉观察和收集资料，相当的发明能力和常识。”在伟大的科学家达尔文身上，我们看到了一生献给科学事业的献身精神：治学严谨、亲身实践、勤于探索、不断思考、不断完善。这是达尔文成为伟人的关键，也是达尔文给我们树立的榜样。

主要参考文献和进一步阅读资料

阿·德·涅克拉索夫．达尔文传．梦迪译．北京：新世界出版社，2012.
达尔文．物种起源．第二版．苗德岁译．南京：译林出版社，2013.
达尔文．物种起源．第六版．钱逊译．南京：江苏人民出版社，2011.
达尔文．航海日记．朱敏译．上海：上海科学普及出版社，2014.
达尔文．达尔文生平及其书信集．第一卷．叶笃庄，孟光裕等译．北京：商务印书馆，1963.
庚镇城．达尔文新考．上海：上海科学技术出版社，2009.
斯蒂芬·茨威格．麦哲伦航海记．第二版．苏惠玲译．太原：希望出版社，2006.

达尔文环球航行路线

北冰洋
英国
北美洲
欧洲
亚洲
大西洋
佛得角群岛
太平洋
非洲
太平洋
加拉帕戈斯群岛
南美洲
印度洋
巴西
毛里求斯
大洋洲
塔希提
马达加斯加
澳大利亚
好望角
新西兰
火地岛
南极洲

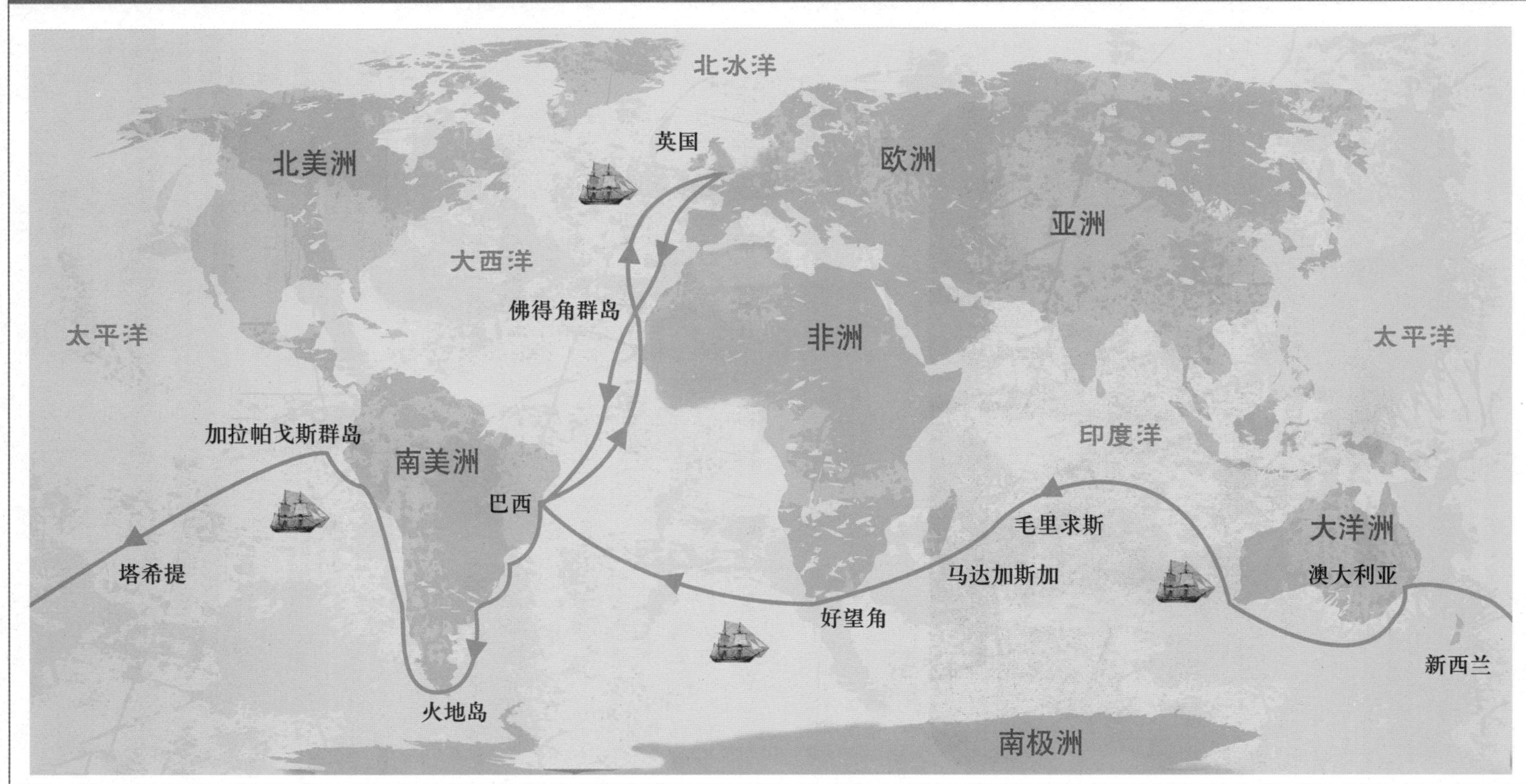

褚嘉祐

研究员，博士生导师，医学博士，中国协和医科大学和中国医学科学院医学生物学研究所教授。从事医学遗传学研究和临床工作30余年，是中国人类基因组项目中“中国不同民族基因组的保存与遗传多样性研究”课题总负责人。曾获2005年和2007年国家自然科学二等奖，云南省科技进步一、二、三等奖等奖项。在国内外发表论文200余篇，主编和参与编著专著11部，并出版了若干科普作品。多年来因学术交流和个人旅行，曾到过七大洲100多个国家和地区。